U0189942

周德庆　王珊珊 ◎ 主编

文稿编撰/王晓琦　沈伟　图片统筹/陈龙　董超

“舌尖上的海洋”科普丛书

总序

百川归海，潮起潮落。千百年来，人们在不断探求大海奥妙的同时，也尽享着来自海洋的馈赠——海鲜美食。道道海鲜不仅为人类奉献上了味蕾的享受，也提供了丰富的营养与健康的保障，并在人类源远流长的饮食文化长河中熠熠生辉。

作为人类生存的第二疆土，海洋中生物资源量大、物种多、可再生性强。相关统计显示，目前全球水产品年总产量 1.7 亿吨左右，而海洋每年约生产 1 350 亿吨有机碳，在不破坏生态平衡的情况下，每年可提供 30 亿吨水产品，是人类生存可持续发展的重要保障。海鲜则是利用海洋水产品为原料烹饪而出的料理，其味道鲜美，含有优质蛋白、不饱和脂肪酸、牛磺酸等丰富的营养成分，是全球公认的理想食品。现代科学也证实了牡蛎、扇贝、海参、海藻等众多的海产品，除了用作美味佳肴外，也含有多种活性物质，可在人体代谢过程中发挥重要作用。早在公元前三世纪的《黄帝内经》中，便有着我们祖先以“乌贼骨做丸，饮以鲍鱼汁治血枯”的记载；此外，在我国“药食同源”传统中医

理论的指导下，众多具海洋特色的药膳方、中药复方等在千百年来人们的身体保健、疾病防治等方面起到了不可替代的作用，因而海产品始终备受众多消费者青睐。

海洋生物丰富多样，海鲜美食纷繁多彩。为帮助读者了解海洋中丰富的食材种类，加强对海产品营养价值与食用安全的认识，发扬光大海洋饮食文化，由中国水产科学研究院黄海水产研究所周德庆研究员担当，带领多位相关专家及科普工作者共同编著了包括《大海的馈赠》《海鲜食用宝典》《中华海洋美食》和《环球海味之旅》组成的“舌尖上的海洋”科普丛书。书中精美绝伦的插图及通俗流畅的语言会使博大精深的海洋知识和富有趣味的海洋文化深深印入读者的脑海。本套丛书将全面生动地介绍各种海鲜食材及相关饮食文化，是为读者朋友们呈上的一道丰富的海洋饮食文化盛宴。

“舌尖上的海洋”科普丛书是不可多得的“海鲜食用指南”科普著作，相信它能够带您畅游海洋世界，悦享海鲜美味，领略海洋文化。很高兴为其作序。

中国工程院院士

前言

海洋是生命的摇篮，海洋中蕴含着巨量的生物资源，尤其是那些可供人类食用的海洋食材是大海对人类最好的馈赠。海洋仿佛一位无私的母亲，为人类源源不断地输送着她所拥有的一切，哺育着人类生存繁衍。

本书将带领读者一起领略这蓝色宝藏的神秘，一起探寻其中一些美味的海洋生物——肥美鲜嫩的海洋鱼类、鲜香美味的海洋贝类、清新爽口的海洋藻类等，大海毫不吝啬地将这些海产品送上人类的餐桌。

从近海到远洋，从潮间带到深海，形形色色的鱼类游弋在浩瀚的大海——丑陋的鮟鱇，秀美的鲳鱼；坚贞的比目鱼，坚韧的三文鱼，敏捷的金枪鱼……

海洋家族的另一大类成员——海洋贝类，味美价廉的蛤蜊、五彩斑斓的海螺、长指甲般的缢蛏以及张牙舞爪的章鱼、乌贼等都为我们所熟悉。

幽深神秘的海底，生活着舞动着大螯的梭子蟹、打着螳螂拳的口虾蛄…… 一经蒸煮就红彤彤的虾蟹早已成为餐桌上的美食，香辣蟹、白灼大虾、芝士焗龙虾等美味食客们并不陌生，但对这些虾蟹生物的生命历程我们又了解多少呢？读完本书你将有所收获。

海洋中享受着阳光赠予的还有藻类植物，它们是海洋植物中一个重要的组成部分，其种类繁多，有红藻、褐藻等。作为初级生产者的藻类，其光合作用生产的有机物可以为海洋食物链中的各级动物直接或间接地提供能量，有利于维持海洋生态系统的稳定。

这些海鲜美食不仅挑动着人们的味蕾，也含有丰富的营养物质。让我们一起跟随作者，怀着一颗感恩之心，走近海洋，揭开海洋世界的神秘面纱，领略这蓝色宝藏的风采。

大海的馈赠

GIFTS FROM THE SEA

人类捕获和食用海产品的历史追溯

目录

CONTENTS

人类捕获和食用海产品的历史追溯

海洋探索的起源

在很久很久以前，地球上还没有人类的踪迹，大海里就有许多形态各异的生物，游弋穿梭的鱼群、形形色色的水母、满身硬刺的海胆……就连深海一万米处也可以看到一些海洋生物的身影。后来地球上出现了新的居民——人类，神秘的大海对于他们，既亲近又遥远。人类从未停止过对大海的探索，大大小小的船只在大海中乘风破浪，使大海那层神秘的面纱被逐渐掀开，广袤的大海是一个我们想象不到的王国。

大海毫不吝惜地向人类分享着它的一切，从丰富的海洋化学资源到海洋矿产资源……不仅如此，海洋还是人类获取食物的宝库。各种各样的海鲜不仅可以满足人类对食物的生存需求，而且其带来的美食体验也是其他食物所无可比拟的。

▲ 油画大师约阿希姆·布克莱尔关于鱼市场的油画

▲ 各种美味的海鲜

海洋生物资源的利用

占地球表面积约71%的浩瀚海洋，将地球装点成一颗蓝色的星球，散发着它的独特魅力。这浩渺而又神秘的蓝色摇篮是人类最后的净土，据相关研究，地球上约 80% 的生物物种都存在于海洋，海洋向人类提供食物的能力相当于世界可耕地所产农产品能力的上千倍。海产品不仅含有高蛋白、低脂肪，而且不少种类含有陆地生物所没有的生物活性物质，如具有健脑降压作用的 DHA（二十二碳六烯酸）和 EPA（二十碳五烯酸）等。

一叶扁舟，一席蓑衣；日出而作，日落而息。古人对于海洋没有征服的欲望，有的只是崇拜与敬畏，每一次收获都是海洋的馈赠，每一次平安归来都是自然的庇佑。但时代的脚步永远不会停止，智慧的碰撞只会愈加绚丽多彩，海洋捕捞工具和技术在不断进步，人们的海洋捕捞活动不再仅仅局限在海岸附近采集海带、紫菜这些海藻，或者驾着小舟在近海捕捞鱼、虾、蟹、贝，而是逐渐扩展到远洋的各个海域。与此同时，近海人工养殖、海产品精深加工等得以快速发展，可以满足人类的多种需要，实现海洋生物资源的可持续利用。

世界水产资源的分布

人类最初进入海洋像是走进了“原始狩猎场”。最传统的捕获方式即为渔场捕捞。渔场的分布地区可分为两类，寒暖流交汇处和上升补偿流区，全球最为出名的四大渔场 —— 北海道渔场、秘鲁渔场、纽芬兰渔场、北海渔场 —— 就分布在这些区域。

北海道渔场地处亚洲东部，日本暖流与千岛寒流在这个地方相遇、碰撞，由于上、下水层密度的差异，海水发生垂直搅动，使表层充满了来自海底的丰富营养物质，浮游生物繁盛，吸引了大量的鲑鱼、太平洋鲱鱼等，形成了世界著名的北海道渔场。

不同于北海道渔场，秘鲁渔场则是世界著名的上升补偿流渔场。秘鲁沿岸盛行东南信风（离岸风），风从岸边吹向太平洋，导致岸边海水不断减少，海洋底部冷海水上泛补充，将海底大量的硝酸盐、磷酸盐等营养物质带到表层，成为浮游生物的饵料，浮游生物大量繁殖，又为鱼群提供了充足的饵料。

纽芬兰渔场，由于拉布拉多寒流和墨西哥湾暖流在纽芬兰岛附近海域交汇，造成这一海域经常大雾弥漫及温水性鱼群和冷水性鱼群相汇聚，让这里有了“踩着鳕鱼群的脊背就可上岸”的美名，但在几个世纪的肆意捕捞之后，渔场渐渐消亡，20 世纪 90 年代之后已不可见。

大海的馈赠

GIFTS FROM THE SEA

北海渔场地处大不列颠岛、斯堪的纳维亚半岛、日德兰半岛和荷比低地之间，见证了“日不落帝国”曾经的繁荣与辉煌。北大西洋暖流与来自北极的寒流在此交汇，产生涌升流，将下层腐解的有机质等带到表层，使得北海水质肥沃，形成高产渔区，鲜鱼的产量占世界的一半，附近各国沿海居民均主要从事与渔业相关的工作。

世界大大小小的渔场、全球海洋和沿海地区海水和淡盐水养殖场每年向我们源源不断地提供大量的海产品，海洋早已成为人类生存不可或缺的一部分。

提及世界知名渔场，当然少不了拥有 1.8 万千米海岸线的古老东方国度 —— 中国。中国海是全球海洋生物多样性最具代表性海域之一，海洋物种数约占全球已知海洋物种数的 13%，仅次于澳大利亚和日本，物种数居全球前三位。我国最大的渔场非舟山渔场莫属，这里因受台湾暖流和日本寒流的交汇影响，饵料丰富，为当地的水生动物提供了很好的物质环境。舟山渔场是多种经济鱼类洄游的必经之处，以大黄鱼、小黄鱼、带鱼和墨鱼（乌贼）四大经济鱼类为主要渔产，也是众多经济鱼虾类的产卵、索饵场所。大陆架张开宽阔的臂膀拥抱着温暖的阳光，吸引着海洋中的生灵汇聚于此。

保护海洋资源迫在眉睫

日暮下的海边，一位捕鱼人斜靠在桅杆上，双眼定定地望着“生他养他的母亲”说：“靠海吃海的日子，不多了，也许就十几年了。”他所说也并非耸人听闻。大海慷慨的馈赠并没有减慢人类对海洋索取的步伐，我国近海渔业资源捕捞过度，许多传统捕捞对象，如大黄鱼、小黄鱼、真鲷等资源已经严重衰退，鱼群的快速消失在向我们发出警告，若不加保护也许人类即将失去这最后的狩猎场。

人们渐渐意识到了问题的严重性，捕养结合的方式已为人们所接受，近海捕捞的强度得以控制，浅海滩涂增养殖业和远洋捕捞业得以快速发展。2014 年，水产养殖业出现了两个里程碑：世界水产养殖总产量首次超过捕捞总产量（水生生物包含藻类）；全球养殖渔业消费总量首次超过野生捕捞鱼类消费总量（不含藻类）。

海洋资源蕴藏量丰富，却不是“取之不尽，用之不竭”的。开发海洋资源，是我们建设海洋强国的重要举措，也因此有了“蓝色粮仓”概念的提出。我们现在需要做的就是依托丰富的海洋资源，利用现代科技和先进生产设施装备，通过海洋牧场人工增养殖、远洋捕捞及后续的企业加工等生产行为，将蓝色海洋和近岸滩涂开发建设成为持续高效提供可食用海产品的区域。

乌鸟尚知反哺，时间不能回溯，只有用赤诚来抚平伤痛。人类深刻地意识到危机的存在，为改变现状而努力。海洋，需要我们的保护！

海洋鱼类

MARINE FISH

海洋鱼类

MARINE FISH

我国海域辽阔，从终年炎热的热带到气候多变的温带，从大陆环绕的渤海到神秘遥远的南海，沿海岛屿 6 500 多个（面积 500 平方米以上），大陆海岸线长达 1.8 万千米，更有长江、黄河等河流汇聚入海，带来大量的营养物质，为鱼类的繁殖、捕食提供了得天独厚的条件。

目前世界鱼类已知有 2 万余种，但经济种不过几百种。我国是世界海洋鱼类生物多样性最丰富的国家之一，海洋鱼类总数达 3 200 余种。我国海洋鱼类以浅海暖水性种类居优势，暖温性种类占较高比重，并有一定数量的冷温性种类。渤海、黄海鱼类共 260 余种，主要经济鱼类 40 余种，如大、小黄鱼，带鱼，青鳞鱼，鳕鱼，黄姑鱼等。东海鱼类共 700 余种，其中不少是跟黄海、南海共有的，主要经济鱼类近百种，如鳓鱼、青鳞鱼、海鳗、鲈鱼、竹荚鱼、牙鲆、半滑舌鳎以及鳐等。南海鱼类种数最多，约 1 100 种，主要经济鱼类 100 ～ 200 种，底层鱼有长尾大眼鲷、长棘鲷、红笛鲷等，中上层鱼有金枪鱼科和旗鱼科等多种。

海洋鱼类是人类生存所需动物蛋白的重要来源。据估计，世界海洋鱼类的潜在资源数量约为 2 亿吨，人类目前开发利用海洋生物资源的数量与此相比较还只是沧海一粟。2016 年，我国海洋水产品产量达 3 490.15 万吨，占全国水产品总量的 50.57%；海水鱼类养殖产量达 134.76 万吨，捕捞量为 918.52 万吨。

然而，由于过度捕捞、海洋污染及生态环境受破坏等因素，海洋鱼类资源正面临枯竭的危险。积极实施海洋鱼类的增殖与养殖是海洋鱼类资源合理开发和可持续利用的基本措施和有效途径。

▲ 新鲜的海水鱼

▲ 孔鳐

孔鳐

大部分人会对“孔鳐”这个名字感到陌生，但是提起“老板鱼”就会恍然大悟，不过这位生活在海里的“老板”不喜欢运动，性情温和，常喜欢埋在沙中，只露出两只眼睛和喷水孔，稍微有点儿动静，就会把眼睛也埋起来。

悠哉如“老板”

孔鳐，又名老板鱼、劳板鱼等。斜方形的体盘十分宽大，但眼睛却很小，喷水孔位于眼睛后方；尾巴侧褶十分发达，孔鳐依靠身体周围扇子般的胸鳍游动，波浪状的泳姿曼妙优美。孔鳐肉中含有少量尿素，鲜食时最好先用沸水焯一下。孔鳐还是个“软骨头”，除肉外，软骨亦可食用，广受食客欢迎。

“美人鱼的荷包”

孔鳐是卵生鱼类，每胎有 1 ~ 2 枚卵，整个产卵期一般可产 22 ~ 31 枚卵。它的卵壳为不常见的扁长方形，四角突出，上面密密麻麻地缠绕着丝状黏性细条，常附着在藻、碎贝壳或石块上，在海滩上有时会见到，人们给予它一个梦幻的名字 ——“美人鱼的荷包”。

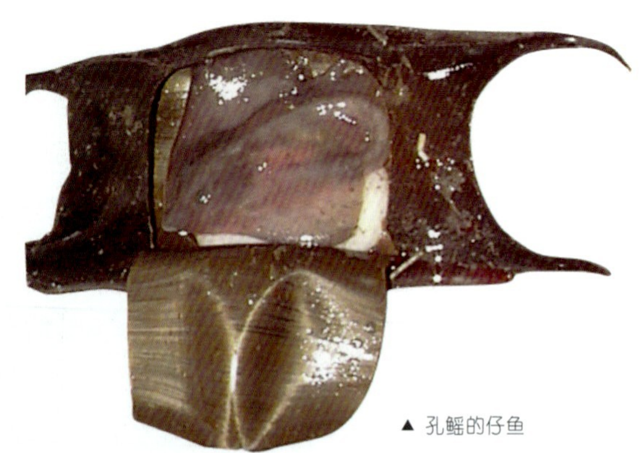
▲ 孔鳐的仔鱼

孔鳐喜欢捕食玉筋鱼、沙蚕和虾类等。孔鳐可人工养殖，但它十分挑食，从不食用人工饲料，需将冷冻的小杂鱼切成碎块投喂；而且由于它的嘴巴藏在头部腹面，投饵时要将食物放在头前或者体盘周围。当孔鳐受到攻击时，会用有锋利倒刺的尾巴进行反击。

资源分布

我国的渤海、黄海和东海是孔鳐的主要聚集地，朝鲜和日本海域也多有分布。

家族成员

斑鳐，俗称油虎，形态与孔鳐相似，软骨较硬，两颌具小菱形齿，铺石状排列。体背部黄褐色，并密布深褐色小斑点，体盘中央的一对斑最大。主要分布在我国的东海和南海，朝鲜半岛、日本和东南亚海域。新鲜斑鳐发酵后，加上猪肉和泡菜就是韩国“臭”名鼎鼎的“三合”黑暗料理。

▲ 发酵后的鳐鱼片

◀ 斑鳐

▲ 日本鳗鲡

鳗鲡

提到鳗鲡，人们恐怕会立刻想到日本料理中甜咸交织、酱香浓郁的鳗鱼饭，其实早在东汉许慎的《说文解字》里，就已出现“鳗鲡”一词：“鳗，鳗鱼也。鱼，曼声。鲡，鲡鱼也。鱼，丽声。”不同于日本人对美食的追求，中国人也看重的是这些食材的食疗作用。唐代著名医学家、饮食家孟诜，被誉为世界食疗学的鼻祖，在所著《食疗本草》中记载：“（鳗鱼肉）疗湿脚气，腰肾间湿，风痹，常如水洗。以五味煮食，甚补益。患诸疮瘘疬肠风人，宜常食之。”更有甚者曰“冬鳖夏鳗”，将鳗鲡和鳖相提并论。日本鳗鲡便是人们常吃的鳗鲡的一种。

蛇鱼非蛇

日本鳗鲡，又称白鳝、青鳝、白秋、蛇鱼等，它身体细长呈长柱状，尾部稍侧扁，头部呈锥形，吻部扁平，口宽大且下颌稍长于上颌，鳃孔小，左右分离。日本鳗鲡无腹鳍，背鳍、臀鳍与尾鳍相连成为一体。成体背部呈青灰色或灰褐色。鳞片细小且埋于皮下。体表光滑，发达的黏液腺可以保持其皮肤湿润，有助于呼吸，保证鱼体离开水面不会快速死亡。

▲ 日本鳗鲡

▲ 蜜汁鳗鲡

生命之旅

长期以来，一个谜团一直困扰着人类——每年秋末，日本鳗鲡成群游离江河进入大海；来年春天，刚出生的小鳗鲡从海洋游回江河，却从未看到大鳗鲡归来。直到20世纪，这个谜团才被解开。

原来，日本鳗鲡是一种降海洄游性鱼类，每年秋末，成熟的日本鳗鲡要离开生活了几年的江河湖泊，开始其一生只有一次的、行程数千千米、耗时半年之久的旅行。此时的日本鳗鲡消化道萎缩，眼睛突出，嘴变薄，吻变尖，背脊颜色加深呈深褐色，腹部也由黄绿色变为银白色。之后，日本鳗鲡历经千辛万苦，来到世界最深的马里亚纳海沟西侧的"海山"附近海域，在无光、无浪的太平洋深处中"谈情说爱"，产卵后便安静地死去。

刚出生的小鳗鲡与父辈差异很大，它身体细小、通体透明，形似柳叶，人们形象地称之为"柳叶鳗"。弱小的柳叶鳗经过数月的海上漂流，到达河口后，骨骼迅速发育，经变态发育成为白色透明的流线状"玻璃鳗"。有了强壮的骨骼后，它们便逆流而上，奋力游向江河上游。随着黑色素沉积，玻璃鳗的体色加深变黑，成为"线鳗"，它们在清澈的水流中无法再隐藏，只好埋进泥沙，以便捕食猎物和逃避敌害。线鳗继续溯河而上到达淡水区后，体色又逐渐转变为黄褐色，称为"黄鳗"，从此开始了稳定的生活。洄游前，黄鳗会经历最后一次发育——腹部变为银白色，之后重复祖辈走过的路，朝着它们出生的地方，踏上那史诗般的生命之旅。

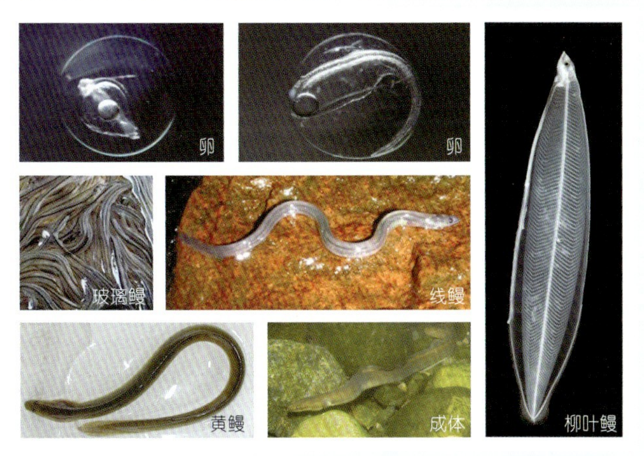

▲ 鳗鲡的生长发育

资源分布

日本鳗鲡主要分布在暖流流经的西北太平洋，从北海道起，日本、韩国、朝鲜西海岸等沿岸水域皆有分布，在我国沿海、河流也能见到它们的身影。

日本鳗鲡是我国水产养殖的重要经济鱼种之一，全国共有鳗鲡养殖场约 1 700 个，主要分布在福建、广东、浙江、江苏等沿海地区。日本鳗鲡鳗苗一直被称为“软黄金”，这是因为人工繁育技术未能获得突破而必须依赖采捕野生的鳗苗。

▲ 渔民用灯光诱捕洄游而归的鳗苗

家族成员

鳗鲡属共包含 15 种鳗鱼，我国的鳗鲡养殖品种主要有日本鳗鲡、欧洲鳗鲡、花鳗鲡等。

花鳗鲡，又称大鳗、鲈鳗、花鳗，多生活在印度洋马达加斯加岛附近海域。花鳗鲡个体较大，背部为灰褐色，腹面为灰白色，表皮被不规则的灰黑色或黄绿色的块状斑点覆盖。

▲ 花鳗鲡

▲ 法罗群岛大西洋鲑养殖

三文鱼

从没有一种鱼像三文鱼一样如此风靡全球，无论是生食还是熟食都可以抓住食客的味蕾，鲜美的口感，拂过齿间，留下的是大海的滋味。三文鱼的英文名为Salmon，因其音似“三文”而得名，脂肪形成的橙白相间的多条纹理似乎也是“三文（纹）鱼”的妙处所在。三文鱼是世界名贵鱼之一，素有“水中黄金”之美誉，正宗三文鱼一般特指大西洋鲑。

形态特征

大西洋鲑身体呈纺锤状，体背部呈现银蓝色，侧线上方有黑色斑点，腹部两侧至腹部由银色逐渐变成白色。大西洋鲑的鱼肉天生丽质，呈现特殊的橘红色，这是由于大西洋鲑能通过捕食小型甲壳类动物而将虾青素富集在肌肉细胞中。虾青素是一种类胡萝卜素，具有很强的抗氧化性。

▼ 淡水繁殖期的大西洋鲑

生命周期

除了少数终生生活在淡水中的陆封型种群外，绝大部分的大西洋鲑为洄游型。洄游型的大西洋鲑大部分时间在海水中生活，到繁殖季时，雌、雄鲑鱼的体态和颜色均会发生明显的变化，历经长途跋涉、重重考验之后，它们从大海最终抵达江河上游平静的浅水区产卵、排精，完成受精过程。大西洋鲑可进行多次产卵繁殖，不像它们的亲戚大麻哈鱼那样产卵后死去，而是通过摄食使退化的生理机能和虚弱的体质恢复。能够存活下来的大西洋鲑可以进行第二次产卵，有的甚至能够进行 3 ～ 6 次产卵。

刚孵化出来的仔鱼依靠卵黄囊内营养生长，卵黄囊消失后仔鱼会摄取水中的微小生物，在淡水中生活 1 ～ 8 年。成长到一定阶段时，便会同祖辈一样，回到海洋，成长后再次沿着祖辈走过的路洄游，如此循环往复，生生不息。

▲ 海水非繁殖期的大西洋鲑

资源分布

野生大西洋鲑主要分布在大西洋北部、欧洲北部及北美洲东部海域。全世界养殖大西洋鲑的场所遍布欧洲、美洲、大洋洲及亚洲。我国国内出售的进口养殖三文鱼大多来自法罗群岛、智利、加拿大、苏格兰、澳大利亚等地。

◀ 大西洋鲑幼鱼

它的亲戚

大西洋鲑属于鲑科鲑属，它还有许多鲑科大麻哈鱼属的亲戚，也具有洄游产卵的习性。高品质的大麻哈鱼也可生食，其风味优于养殖大西洋鲑。常见的大麻哈鱼属种类有大麻哈鱼、大鳞大麻哈鱼、银大麻哈鱼、驼背大麻哈鱼等。大麻哈鱼属的几种鱼主要分布在北太平洋，因此也被称为太平洋鲑。繁殖季节溯河洄游时，它们的形态会发生改变，尤其是雄鱼，上、下颌突出、微弯，形似钩子。

大麻哈鱼，俗称秋鲑、狗鲑，广泛分布在北太平洋沿岸国家，在我国数量分布相对较少。大麻哈鱼是我国境内现有三种大麻哈鱼属成员（大麻哈鱼、马苏大麻哈鱼、细鳞大麻哈鱼）中数量最多的一种，主要分布在东北的黑龙江、乌苏里江、松花江乃至图们江等水系。除了美味的鱼肉，大麻哈鱼鱼子营养丰富，制成的鱼子酱更是美味可口。

大鳞大麻哈鱼，也被称为帝王鲑，其体长可达150 厘米、重可达 60 千克。大鳞大麻哈鱼主要分布在北太平洋沿岸，如阿拉斯加、俄罗斯堪察加半岛及日本北部海域。

淡水繁殖期的雄鱼

淡水繁殖期的雌鱼

海水非繁殖期的雄鱼

▲ 大麻哈鱼

▲ 大鳞大麻哈鱼

▲ 大麻哈鱼幼体

◀ 明太子

鳕鱼

鳕鱼产品在各类快餐店、超市内十分常见。但是这些名目繁多、价格不等的“鳕鱼”都是真的鳕鱼吗？

▲ 太平洋鳕

真正的鳕鱼

严格来讲，只有隶属于鳕形目、鳕科、鳕属的“鳕鱼”才算得上真正的鳕鱼，共有三种 —— 太平洋鳕、大西洋鳕和格陵兰鳕。它们大多生活在深海的冷水中，后两种在我国无自然分布。

太平洋鳕，它头大、口大，其上颌齿多排，下颌齿两排，下巴上长着一根颏须。拥有一条明显的侧线的它，背部呈灰褐色，伴有少许不规则斑纹，腹部则呈灰白色。它生长迅速，体长 37 ～ 75 厘米，寿命通常为 8 ～ 9 年，最多可达 12 年。

▲ 大西洋鳕

大西洋鳕，又称为大西洋真鳕，与太平洋鳕一样，也是大头、大嘴，下巴上也有一根明显的颏须。大西洋鳕侧线色浅，在第一背鳍后端开始向下弯曲，其体色与栖息环境有关，常为浅绿灰色，体侧有许多红色或褐色圆斑。它的生长速度也很快，能长到 80 厘米以上，最长的可达两米，其寿命远比太平洋鳕长，可达 20 年。

格陵兰鳕，鱼体相对较小，寿命一般不超过 9 年。格陵兰鳕产量很少，在市场上难觅踪影。

资源分布

北太平洋沿岸海域是太平洋鳕的主要聚居地，我国的黄渤海是太平洋鳕的产地之一，这里的太平鳕又名“大头鳕”，每年渔获量较高。

大西洋鳕主要分布在北大西洋、格陵兰岛冰岛附近、欧洲北部海域。鳕鱼被称为“海洋牛肉”，长期以来，经盐腌和干制的大西洋鳕一直是欧洲人民过冬的储备食品，也是北欧和北美的重要贸易商品。对欧洲的海洋文明来说，鳕鱼还是一种文化的承载。英国与冰岛还曾爆发过鳕鱼争夺战。但是由于资源的过度开发与环境因素的变化，从 1970 年起，全球大西洋鳕的渔获量持续下降，近年来有所上升，每年约为 130 万吨。

格陵兰鳕主要生长在格陵兰岛沿海。1985 年渔获量为 6 577 吨，近年来大幅度减少，2012 年仅为 142 吨。

◀ 黄线狭鳕

家族成员

之前提及过只有属于鳕属的三种鳕鱼才算纯正的鳕鱼，但如果将“鳕鱼”的概念放大一点，那么鳕科其他成员与无须鳕科的成员也可勉强归入鳕鱼大家族。

▲ 无须鳕

黄线狭鳕，俗称阿拉斯加狭鳕或者明太鱼，是朝鲜民族喜爱食用的鱼类。“明太子”就是用辣椒和香料腌制过的黄线狭鳕的鱼子。黄线狭鳕颏须痕状，鱼体相对较瘦，背部通常为暗绿色或者棕色，带有斑点。它的捕捞量非常大，价格也比“真鳕”低廉，因此销售量远超“真鳕”。黄线狭鳕大多数被加工成鱼糜和鱼浆，成为快餐店里深海鳕鱼堡与超市模拟蟹棒的制作原料。

无须鳕，一般指隶属于无须鳕科、无须鳕属的几种重要商业鱼类。其中渔获量比较高的是阿根廷无须鳕与北太平洋无须鳕。前者主要分布于南美洲东南部海域，后者则主要分布于北美洲西部海域。无须鳕价格相对于“真鳕”要低廉，大多被加工为冷冻鱼肉与鱼糜，有的商家也称之为白鳕。

▲ 狭鳞庸鲽

▲ 裸盖鱼

▲ 异鳞蛇鲭

▲ 棘鳞蛇鲭

此"鳕"非"鳕"

说了这么多,真正名声响亮、价高味美的"银鳕"(裸盖鱼)就要出场了,许多消费者误以为银鳕也是鳕鱼的一种。事实并非如此,裸盖鱼隶属于鲉形目、黑鲉科,体长58～62厘米,最长可超过1米。因其轮廓酷似大西洋鳕与太平洋鳕,故在日本市场被称为"银鳕鱼"。在我国超市出售的银鳕通常是犬牙南极鱼属的物种。大西洋鳕、太平洋鳕与黄线狭鳕的肉味较为清淡,而裸盖鱼含有丰富的油脂,且肉质更加细嫩鲜美,因此比前三种鳕鱼更加昂贵。裸盖鱼主要分布在北太平洋,其渔获量近年来有所减少,2014年约为1.78万吨。

狭鳞庸鲽,鱼体扁平巨大,故又称扁鳕,也被称为太平洋大比目鱼。狭鳞庸鲽主要分布在北太平洋深水区,从白令海至鄂霍次克海、阿拉斯加至加利福尼亚、日本北部海域等。市面上见到的大部分"冰岛鳕鱼"切片是侧扁的,实际上就是狭鳞庸鲽。其价格比"真鳕"要贵,每千克15美元左右,算是高档货。2014年渔获量约为1.89万吨。

油鱼是异鳞蛇鲭和棘鳞蛇鲭的统称,不法商贩常用油鱼来仿冒鳕鱼。油鱼肉质洁白,口感肥美细腻,但含有大量蜡酯。蜡酯虽没有毒性但不会被人体消化吸收,一次摄入过多易导致腹泻。

▲ 黑鮟鱇

鮟鱇

在海洋深处，有这样一类鱼，头顶一根“钓鱼竿”，被人们形象地称为“深海中孤独的垂钓者”。它的“长相”极其丑陋，却有一个好听的名字 —— 鮟鱇，谐音“安康”，寓意“平安健康”。虽说鮟鱇的模样有些不尽如人意，但它食用起来却能紧紧抓住你的味蕾，日本有句惯用语“东鮟鱇，西河鲀”，表示关东人特别爱吃鮟鱇料理，关西人则以河鲀料理为重。

丑陋的长相

鮟鱇俗称结巴鱼、蛤蟆鱼、海蛤蟆、琵琶鱼等。鮟鱇的眼睛长在头顶，前半部分的身体扁平如圆盘。嘴巴几乎跟身体一样宽，边缘处还长着两排尖锐向内的利齿。体表裸露无鳞，全身遍布着可怕的“鱼尾纹”，长相丑陋，表皮似癞蛤蟆。宽大的胸鳍可以辅助身体滑行。

黄鮟鱇 ▶

▲ 肝脏刺身

◀ 鮟鱇和它的拟饵

出色的伪装大师

鮟鱇肌肉松弛，运动器官不发达，喜欢静静地潜伏在海底或缓缓游动。有位诗人曾这样描述这种怪诞的海鱼："皮肤非常松软，步履蹒跚……巧施诡计屡屡得手。"鮟鱇不喜欢游动，在长期的演化过程中，背鳍发生了变化：第一背鳍由 5 ～ 6 根独立分离的鳍棘组成，第一鳍棘逐渐演化成一根长而柔软的"鱼竿（吻触手）"，顶端吊着一个皮质穗 —— 拟饵。发光的拟饵，就像竹竿上挑着的小灯笼，时明时暗，闪闪烁烁，吸引着周围的趋光性鱼虾。这些可怜的鱼虾，还没看清鱼饵，便稀里糊涂地成了鮟鱇的腹中餐。不过，拟饵的亮光也会招来凶猛的捕食者，这时鮟鱇会迅速缩回"钓竿"，把拟饵塞进嘴里，逃之夭夭。除了捕食利器拟饵，鮟鱇的生存绝招还在于其伪装技能。身上的斑点、条纹和饰穗使它们俨然一副海藻的模样，更加方便了它们的潜伏捕食和逃避追杀。

演绎悲壮的海底爱情史

角鮟鱇亚目的鱼类，具有雄鱼寄生在雌鱼身上的行为。因为运动能力不强，又不合群生活，雄鱼找到合适的配偶不是一件容易的事情，一旦遇到雌鱼，那就终身相附至死，所以鮟鱇不断上演着悲壮的海底爱情史。雌鱼靠近海面产卵后，受精卵孵化成的雌鱼会快速发育，随后游向深海；而雄鱼发育则非常缓慢，待发育成熟后便会踏上寻找雌鱼的漫漫征途，如果找不到，很快便会孤独地死去；如果能够幸运地找到雌鱼，雄鱼就咬住其皮肤，寄生在雌鱼身上，和它血脉相连，之后雄鱼会逐渐失去消化器官、眼睛、心脏，甚至是大脑，最后只剩下一对性腺，提供精子。尽管雄鱼会为繁衍下一代不惜牺牲自己，但雌鱼却并不"忠贞"，可以同时和多条雄鱼合体。

随流漂泊

不同种类、不同地理位置的鮟鱇，其繁殖季节不同。鮟鱇有着独特的产卵方式。鱼卵被包裹在卵室中，卵室彼此粘连，形成缎带状卵带，用以吸附随海水漂动的精子。孵化后的仔鱼仍和卵一起漂浮，长到一定程度后才沉降到近岸海底。

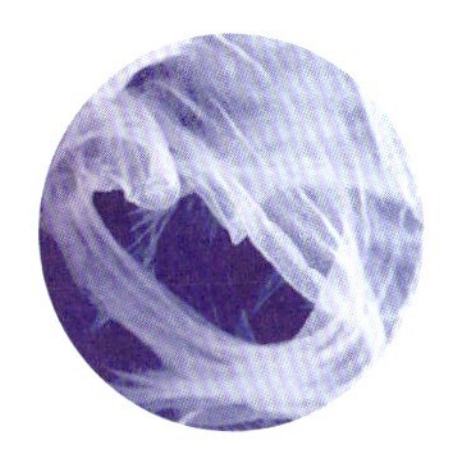

◀ 鮟鱇卵到幼鱼的发育

资源分布

大西洋、太平洋和印度洋都能见到鮟鱇的身影。我国常见的种类有黄鮟鱇和黑鮟鱇两种，前者下颌齿多为 2 行，口内白色，活跃在我国沿海；后者下颌齿多为 3 行，口内有圆形斑纹，多生活在东海和南海。

过去人们认为鮟鱇目鱼类除大西洋一些种类具有较高的经济价值外，其余大多不宜食用，且多生活于深水底层，不易捕捞，经济价值不高。近年来，由于我国近海资源的衰竭，鮟鱇凭借其美味逐渐成为人们餐桌上的“宠儿”，捕捞量逐年增加，其中黄鮟鱇的年均产量为 1 万吨左右。

家族成员

鮟鱇目又分为鮟鱇亚目、躄鱼亚目、角鮟鱇亚目 3 个亚目，共有 313 种。其中躄鱼亚目的“躄”字有腿瘸、跛足之意，躄鱼类的胸鳍特化成腿的模样，使它们可以在海底“跛足潜行”，代表种如下。

棘茄鱼，又称蝙蝠鱼，扁平的身体上布满着发达的结状鳞。棘茄鱼不擅长游动，多数只能在海底爬行。

单棘躄鱼，又称蟾蜍鱼，身体呈浅红色、红色，皮肤上有淡黄色斑点，其肉质像青蛙肉，我国台湾渔民也称之为“青蛙”。

▼ 单棘躄鱼

▲ 棘茄鱼

▲ 货架上排列整齐的秋刀鱼

秋刀鱼

凄凄秋风啊，你若有情，请告诉他们，有一个男人在独自吃晚饭，秋刀鱼令他思绪茫然。

——（日本）佐藤春夫《秋刀鱼之歌》

秋风一起，古人便有莼鲈之思，而对日本人来说，秋天的秋刀鱼不仅凭借其丰富的蛋白质、脂肪含量和鲜美的肉质成为最受欢迎的家常料理，其本身所寄托的幽幽凄苦和丝丝哀愁也别有一番滋味。秋风萧瑟之时，肥满的秋刀鱼在日本人心中有着不可替代的地位。

海洋中的武士刀

秋刀鱼的命名来自日本纪伊半岛。头部尖尖窄窄的它身体亦十分修长。一尾上好的秋刀鱼形如一把上好的弯刀，故得其美名——秋刀鱼。鱼体背部蓝黑色，腹部银白色，通体泛着柔和的光泽，轻轻拨开鱼的两颌就会发现，秋刀鱼的下颌比上颌更为突出。又尖又长的尾鳍好似一把叉子。

▲ 秋刀鱼

满仓的秋刀鱼 ▶

生活习性

秋刀鱼一般以虾类和鱼卵等为食，这样的食性与它口中那两排细密的牙齿密切相关。一旦遇到海洋哺乳类动物、乌贼和鲔鱼等天敌，秋刀鱼身上的小鳍就开始发挥作用，可以迅速提速，帮助秋刀鱼逃离危险。

秋刀鱼生活在海水表层，对水域温度要求有些严苛，以 15℃ ～ 18℃为宜。进入日本海域的秋刀鱼每年 8 月下旬到 12 月，会南下到达日本南方海域，而在次年的 2 月至 7 月期间又开始北上索饵洄游，到达千岛群岛的外海，如此周而复始。

资源分布

秋刀鱼主要生活在白令海、日本海、俄罗斯海域等。在我国，秋刀鱼则主要生活在黄海。分布广泛、产量大的秋刀鱼价格也十分亲民，可谓地道的“民间口味”，在多个国家和地区尤其是日本很受欢迎。盐烧秋刀鱼是日本经典料理之一，用盐作为配料烘烤烧制，吱吱作响，滴上少许酱油或是柠檬汁调味，搭配米饭、味噌汤常常令人难以忘却。最简单的做法往往最能保留食材的原味，焦香四溢的盐烧秋刀鱼更是被称为日本“秋之味觉”的代表。

▲ 盐烧秋刀鱼

▲ 冠海马

海马

形如其名的海马，常常以各类玩偶工艺品的形象出现，深受人们喜爱。“南方海马，北方人参”，在我国，海马一直都是一味名贵的中药。

没有马鬃的“马”

海马是海马属鱼类的统称，在鱼类家族中，造型可谓别致又独特。它的头部与马十分相似，尖尖的长管状吻不能开合，胸腹部鼓鼓的，只少了一把马鬃，因此得名“海马”；更为神奇的是，海马的头部与躯干几乎成直角。细而长的尾巴是海马身上最有趣的地方，常常卷成一团；将其切开来看，其横截面竟是方形的。海马全身由膜骨片包裹，没有腹鳍和尾鳍，只有孱弱的胸鳍、背鳍和臀鳍提醒着人们其“鱼类”的身份。

海马生活在近海繁茂的海藻丛或珊瑚礁地带。它们并不擅长游泳，每当偷懒时，那条奇特的尾巴就派上用场了。四棱突出的长尾握力很强，可以使海马缠附在海藻的茎枝、珊瑚枝或海中的漂浮物上。为了觅食，它们会暂时离开缠附物在海中游动，但游不了多远距离，又会马上缠到其他物体上歇息。海马的泳姿优美自如，只见它将身体挺直，扇动着背鳍和胸鳍，缓慢前行。觅食时的海马精神十分集中，紧盯猎食对象，趁其不备便用吻将猎物吸入口中，那些可怜的毛虾等小型动物便成了海马的腹中餐了。

◀ 斑海马

“另类”奶爸

在自然界，动物的繁殖工作分工明确，雄性负责交配而雌性负责孕育和生养幼崽，而海马是个例外，养育后代的工作由雄性来完成。春夏之交是海马寻找配偶的季节，找到心仪的对象之后，雌、雄海马就会把彼此的尾巴缠在一起进行交配。这时，雌海马会把数百枚卵子小心翼翼地排到雄海马腹部的“育儿袋”内。雄海马接受卵子后，立即向袋内排入精子。完成受精之后，海马爸爸就开始孕育它们，大约两个月后，小海马就出生了。刚出生的小海马体长尚不足 5 毫米，在从出生到发育完全之前的很长一段时间内，依然离不开海马爸爸的保护。

资源分布

海马的种类并不多，大约有 30 种，我国有 12 种。海马一般分布于北纬 30° 与南纬 30° 之间的热带和亚热带沿岸浅海。

家族成员

三斑海马，体型较大，通体呈灰棕色，眼睛周围布满放射状的褐色斑纹。用尾卷绕于藻体上，吸食小型浮游甲壳动物，可以人工养殖。

▲ 雌、雄海马(左)
育儿的雄海马(右)

三斑海马 ▶

石斑鱼

鱼的做法有很多种，煎、炸、烤、红烧等，但是唯有清蒸才能最大限度地保留它的原汁原味，而石斑鱼就是最适合清蒸的鱼。石斑鱼肉低脂肪、高蛋白，肉质洁白细腻，味道纯正鲜美，略似鸡肉，故又有“海鸡肉”之称。

礁石间的凶残猎手

石斑鱼是鲈形目、鮨科、石斑鱼亚科鱼类的统称。因其常常喜欢嬉戏于礁石间，体表覆盖着斑纹而得名，大多数石斑鱼鱼体肥硕，体表覆盖小栉鳞。石斑鱼口大、牙尖，是凶猛的肉食性鱼类，喜食活物。当猎物靠近时石斑鱼会突然张开大口迅速吞噬整个猎物或咬住猎物某个部位。有时，有些石斑鱼甚至会吞食同类。

▲ 点带石斑鱼

石斑鱼的变色

石斑鱼周身散布斑点或条纹，这些斑点或条纹会随着环境的不同和健康状况的变化发生变化。光线弱时体色会变深，光线强时体色会变浅。颜色容易变化常常让人难以分辨石斑鱼的种类。石斑鱼的体色为什么会发生变化呢？这是因为石斑鱼皮下有许多弹性囊状的色素细胞。当石斑鱼受到外界刺激时，色素细胞被放射状肌肉纤维牵引呈齿状，色素细胞内微粒扩散，体色变深；反之体色变浅。

奇特性逆转

石斑鱼是雌雄同体鱼类，在发育过程中会出现这样一种奇特的现象：第一次性成熟时为雌性，随着个体的成长，到一定鱼龄时（如赤点石斑鱼发生在 6 龄，鲑点石斑鱼发生在 9 龄以上），雌鱼发生性逆转，变为雄鱼。石斑鱼的生殖腺可分为雌性、雄性和间性（雌、雄两性同在）三种。随着季节的转换，其生殖细胞也处于不同的发育期（而间性石斑鱼生殖细胞在任何时候分化水平都很低）。在繁殖季节，雌鱼的卵巢层上也存在着造精组织。性逆转一旦启动，卵细胞退化，精原细胞开始增生，发育为精细胞。

▲ 东大西洋石斑鱼体色随环境变化

▲ 石斑鱼肉

资源分布

石斑鱼广泛分布在热带、亚热带海域，在我国的海南岛、北部湾、南沙群岛等附近海域及台湾海域均有分布。巨大的市场需求促使人工养殖业迅速发展，石斑鱼是我国重要的海水养殖经济鱼类，2016 年全国石斑鱼海水养殖总产量已达到 10.83 万吨。

家族成员

石斑鱼种类繁多，全世界有百余种，我国已记录的有 45 种。目前，我国养殖的石斑鱼种类主要有青石斑鱼、鞍带石斑鱼等。

青石斑鱼，俗称黄丁斑、石斑。其体侧有五条暗褐色横带，第一、第二条横带紧紧相连，第三、第四条横带位于背鳍鳍条部与臀鳍鳍条部之间，第五条横带位于尾柄。在我国分布在黄海、东海、南海和台湾海域。

鞍带石斑鱼，俗称龙趸、龙胆石斑、紫石斑，是体型最大的石斑鱼类之一；体重一般为 30 ～ 40 千克，最重的可超过 100 千克，故有“斑王”之称。其体色发黑，周身覆盖着不规则白色斑点。

鞍带石斑鱼 ▶

▲ 青石斑鱼

▲ 真鲷

真鲷

清朝郝懿行的《记海错》中曰“兹鱼独登莱有之”“啖之肥美，其头骨及目多肪腴，有佳味”，说的就是“鲷鱼”。鲷鱼也是日本传统料理中尤为重要的食材。日本食用鲷鱼的历史可追溯到绳文和弥生时代。日本江户时代的俳文集《鹑衣》中有文，“花属樱，人乃武士，柱乃桧木，鱼乃鲷”。从那时起，鲷鱼渐渐成为人们心中的“海鱼之王”了。鲷鱼肉质清鲜甘甜，其头部特别鲜美，眼睛尤佳，民间有“加吉头，鲅鱼尾”之谚。

武士甲胄

提起鲷鱼，大多指真鲷。真鲷是鲈形目、鲷科鱼类的一种，是中外驰名的名贵鱼种，我国北方人称其为加吉鱼，上海人俗称为铜盆鱼。真鲷通体嫣红，颜色淡雅，侧线以上散布着漂亮的蓝色斑点。战国时的日本，武将们常常会给前线武士送去真鲷，在他们看来，真鲷全身整齐的鳞片与武士的甲胄十分相像，体态颇有大将之风，因此赋予它“庆祝凯旋”的美好寓意。另外，因为真鲷华丽的外表，每逢新年、祝寿或结婚宴席，摆一盘的大真鲷，寓意“圆圆满满、增加吉利”。

▲ 真鲷

真鲷头大、口小，发达的上、下颌和坚硬的牙齿便于其摄食，因此小型鱼类、头足类、甲壳类动物等常会成为它的腹中之物。

▲ 真鲷刺身

资源分布

真鲷喜欢栖息在水质清澈、藻类丛生的岩礁海区，广泛分布于西北太平洋，在我国近海也有所分布，黄渤海渔期为 5 ～ 8 月和 10 ～ 12 月，闽南近海和闽中南海域渔期则在 10 ～ 12 月。近 20 年，野生真鲷成为兼捕对象。由于其自然资源衰减，产量下降，我国从 20 世纪 70 年代开始人工养殖，现在养殖技术已经成熟，真鲷产量也逐年提高。

它的亲戚

羊头鲷是一种可食用且适宜游钓的鱼，常见于北美洲南部的大西洋沿岸和墨西哥湾，体长可达 91 厘米。姿态优美的羊头鲷性情暴躁，攻击性很强。它的牙齿力量大，可咬碎甲壳类动物的硬壳。

▲ 羊头鲷

◀ 羊头鲷牙齿

◀ 炸黄鱼

黄鱼

美食往往带给人们美丽的遐想，唐代《初学记》中便记载着这样一个传说。相传春秋时期，东夷侵犯吴国，被赶到海中一沙洲上的吴王因为断粮而虔心祷告上苍，果然不久东风大作，水面泛起道道金光，沙洲被许多金黄色的鱼围住。士兵捞上来一尝，十分美味，危机得以缓解。吴王回国后仍对这美味念念不忘，向众官员问其名字却无果。吴王回想起鱼头里骨如白石，赐名“石首鱼”。吴国人最爱吃“石首鱼”，尝鲜时会不惜重金，有“典账买黄鱼”之说。

▲ 大黄鱼

◀ 小黄鱼

海洋金鳞

黄鱼，又名黄花鱼、石首鱼等，是硬骨鱼纲、鲈形目、石首鱼科的鱼类。《物产志》中记载：“石首鱼似鳘而小，尾鬣皆黄色，一名黄鱼。”黄鱼体长而侧扁，身体侧线下方的鳞片为金黄色，在黑夜格外醒目。黄鱼的嘴巴很大，上、下颌有齿，尖锐的利齿让人一眼就能看出其食肉本性。

区分大、小黄鱼

恐怕大多数人都会以为大、小黄鱼是同一种鱼，只是它们个体大小上有所差异，其实，尽管二者确实有着相似的外形，却是两种鱼：眼睛大且头部大的是大黄鱼，眼睛小且头部长的则是小黄鱼；大黄鱼的尾柄又长又窄，小黄鱼则相反，尾柄又短又宽；大黄鱼鳞片比小黄鱼的小，背鳍和侧线间的鳞片，前者有 8～9 行，后者仅有 5～6 行；大黄鱼的鳔的腹分支的前、后小支等长延伸，小黄鱼的则不等长延伸，后小支短小。

黄鱼的耳石

你可能还不知道，黄鱼被称为石首鱼，不仅仅是因为吴国的那个传说，还与黄鱼头中的如玉般的菱形耳石有关。年轮几何，沉浮几载。耳石会随鱼年龄的增长而增大。耳石在阳光下会显现出明暗交替、宽度不等的环形纹路，仿佛树干的年轮一般。可别小看了这不规则的耳石，它不仅有听觉的功能，还能与内耳中的感觉细胞共同作用，维持黄鱼的身体平衡。

▲ 小黄鱼鳃　▲ 大黄鱼鳃
▲ 小黄鱼耳石　▲ 大黄鱼耳石

海洋歌星

古代田九成在其著作《游览志》中写道：“（石首鱼）每岁四月末，来自海洋，绵亘数里，其声如雷。”黄鱼是天生的“高音歌唱家”，“咕咕”“哗哗”和“呜呜”三种响亮“歌声”拿捏自如，距离百米海域内皆可闻其音。黄鱼“歌声”之洪亮，得益于其鳔上的鼓肌。两块深红色的带状鼓肌连在鳔上，肌肉的急速收放（每秒 24 次左右），使鳔内空气受到振动而产生声音。有经验的渔民会在海面上放一竹筒，当通过竹筒听到雷鸣般的声音时，就知道黄鱼离自己不远了。

资源分布

大、小黄鱼都是结群性洄游鱼类，在天气回暖的春季向近海洄游产卵，而随着秋冬季温度的下降则结群向深海迁移避寒。其洄游活动范围大多在我国海域内，自然而然地黄鱼也被称为我国海洋鱼类中的“家鱼”。历史上，大、小黄鱼曾与墨鱼和带鱼并称为我国的“四大海产”。

喜欢温暖舒适环境的大黄鱼，是生活在黄海南部、东海与南海的中上层鱼类。不幸的是，过度捕捞使得声势浩大的渔汛难以再现，野生大黄鱼更是稀少难得。人工养殖的大黄鱼作为补充，来满足人们的消费需求，养殖区域集中在福建、广东和浙江等地沿海。

在渤海、黄海、东海以及朝鲜半岛西岸海域都能看到小黄鱼的身影。它们通常生活在水深不超过 100 米的泥沙或软泥底质海区。

▲ 带鱼

带鱼

在众多海鲜中，带鱼很是常见。即便是远离大海的内陆地区，想吃一盘红烧带鱼也并不是件难事。《瓯江小记》记载："带鱼，玉环洋面所产，渔民冬时之一大出产也。"关于带鱼，有这样一个传说，相传在西王母渡东海时，一阵大风吹过，随行侍女身上的琼带被风吹落，飘入海中，化作此鱼。

海中的银白色飘带

带鱼隶属于硬骨鱼纲、鲈形目，是带鱼科鱼类的统称，俗称刀鱼等。带鱼像一条修长的银白色飘带；体表鳞片退化，光滑有银粉，仿佛镀银般光亮，因此古人形容带鱼"色白如银"；尾部则细长如丝，无尾鳍与腹鳍，背鳍和胸鳍透明。带鱼牙齿锋利，生性凶残，主要以毛虾、乌贼为食，更有同类相残的习性，《定海县志》记载带鱼："一鱼上钩，余则接尾而来。"这可能是由于带鱼上钩时，拼命挣扎引起了同类的攻击。

▲ 红烧带鱼

▲ 带鱼

生活习性

带鱼通过横向游泳来实现快速移动，在静止时喜欢头部朝上，将长长的身体竖立在水中，一旦发现猎物，背鳍迅速震动，身体倾斜，向猎物扑去。白天它们经常集群游至深海，而在夜幕下回到浅海。喜灯火。

资源分布

带鱼主要分布在热带、亚热带和温带沿海，大洋、沙泥底质海域、河口、近海都有它们的身影。我国沿海均有其分布，且带鱼资源极为丰富，2016 年我国带鱼的渔获量为 108.7 万吨，居我国单鱼种渔获量第一位。目前市面上销售的带鱼完全来自捕捞。

▲ 皇带鱼

皇带鱼非带鱼

皇带鱼，体长可达 15 米，其体表无鳞，银光闪闪，与带鱼外形相似，但它属于月鱼目、皇带鱼科、皇带鱼属，与带鱼并无亲戚关系。皇带鱼各鳍均为红色，背鳍和腹鳍有丝状鳍条，主要生活在深海，可能是古代水手口中流传的巨大海蛇的原型。

▲ 高速游动中的金枪鱼

金枪鱼

▲ 阳光下金枪鱼的身体会有金属般的光泽

在弱肉强食的海洋中，金枪鱼能傲然挺立在食物链的较顶端之处，矫健地穿梭于大洋中，实属难得。

游泳能手

一般来说，金枪鱼是鲭科、金枪鱼属鱼类的总称，又称鲔鱼、吞拿鱼。它的身体在阳光的照射下会有金属般的光泽，腹部为银白色，从海里往上看它时，浅淡的体色几乎与海水融为一体。其鳞片已退化为小圆鳞片。体内有发达的血管，可形成体温调节装置，为其远距离游动提供了保障。流线型的身体，沿着头部延伸的胸甲，强劲的肌肉，新月形的尾鳍以及发达的血管，金枪鱼身体的每一部分仿佛都是为了它能够快速游动而存在。

金枪鱼是游泳速度最快的海洋生物之一，可与鲨鱼和海豚比高下。 它的时速通常为 30 ～ 50 千米，最高可达 160 千米。金枪鱼长时间的高速游动不是为了炫技，而是为了生存。由于鳃肌退化，金枪鱼只能张口使新鲜水流经过鳃部而得以呼吸，这种撞击式呼吸方式迫使它们只能永不停息地游动，即使在夜间也不能停歇，只是减缓速度，降低代谢。一旦停止游动，金枪鱼便会缺氧窒息。大部分鱼类是“冷血”的，而金枪鱼却是“满腔热血”，其体温高出周围水温 9℃，旺盛的新陈代谢，使得金枪鱼肉中含有很高的血红素，肉质红润，类似牛肉。为了补充游动时所消耗的能量，金枪鱼的食量很大，乌贼、鳗鱼、虾蟹等海洋生物都会被其毫不留情地吞入腹中。

◀ 黄鳍金枪鱼

资源分布

金枪鱼为洄游鱼类，可以自由穿梭于太平洋、大西洋和印度洋的中低纬度海区，被称为“没有国界的鱼类”。在我国，主要分布在东海和南海。2010 年世界金枪鱼产量超过 23 万吨。

▲ 太平洋蓝鳍金枪鱼

家族成员

全球金枪鱼类主要有八种，即太平洋蓝鳍金枪鱼、北方蓝鳍金枪鱼、南方蓝鳍金枪鱼、长鳍金枪鱼、黄鳍金枪鱼、黑鳍金枪鱼、大眼金枪鱼和青干金枪鱼。

我们最熟悉的“蓝鳍金枪鱼”包含了太平洋蓝鳍金枪鱼、北方蓝鳍金枪鱼与南方蓝鳍金枪鱼三种，它们都属于大型金枪鱼。北方蓝鳍金枪鱼体型最大，有记录最大体长超过 3 米，主要渔场在北大西洋、墨西哥湾及地中海。太平洋蓝鳍金枪鱼的体型相对较小，有记录最大体长达3米，主要分布于北太平洋。南方蓝鳍金枪鱼的体型在三种蓝鳍金枪鱼中最小，有记录最大体长超过 2 米，分布于南半球中纬度海域。

黄鳍金枪鱼属于中型金枪鱼，一般体长 1.2 ～ 1.5 米，其鱼体中部与鱼鳍带有亮黄色光泽，因此又名黄鳍鲔、黄肌鲔。黄鳍金枪鱼广泛分布在热带与亚热带海域。

大眼金枪鱼俗称大目鲔、短鲔，一般体长 1.1 ～ 1.7 米，重要特征是头部与眼睛极大，主要分布在大西洋、印度洋与太平洋的热带与亚热带海域。

由于过度捕捞，北方蓝鳍金枪鱼已被国际自然保护联盟列入濒危级别，南方蓝鳍金枪鱼被列入极危级别，太平洋蓝鳍金枪鱼和大眼金枪鱼被列入易危级别。

▲ 蓝点马鲛

蓝点马鲛

鲅鱼的名字可谓家喻户晓，但很少有人知道，在我国北方沿海的鲅鱼还有一个好听的学名——蓝点马鲛。鲅鱼肉质坚实、味道鲜美，无论酱烧、熏制还是茄汁，都能成为餐桌上的佳肴。民间有“山有鹧鸪獐，海里马鲛鲳”的赞誉。在胶东半岛，人们更把鲅鱼肉剁成馅儿包水饺吃，这就是胶东半岛传统名吃——鲅鱼水饺。鲅鱼不仅广受中国食客喜爱，在日式、法式料理中也十分夺目。

形态特征

蓝点马鲛是硬骨鱼纲、鲈形目、鲭科鱼类的一种，也称马加鰆、条燕、马鲛、青箭等。纺锤般、流线型的身体使得它可以快速游动。头部和背部为蓝黑色，且布满了蓝色的斑点，腹部银灰色。吻尖且牙齿尖利。深叉形的尾鳍让它又有了“燕鱼”之名。

▲ 蓝点马鲛的牙齿

生活习性

蓝点马鲛属暖水性中上层鱼类，常集群进行远距离洄游。入秋后，它们多在岸边浅水处捕食，对食物也十分挑剔；冬季常潜入水底层。蓝点马鲛鱼群在追捕小鱼时，常常依次跃出水面，划出一道道闪亮的银弧，被钓友们形象地称为“起排子”。

▲ 斑点马鲛

▲ 中华马鲛

资源分布

五六月份为蓝点马鲛的盛渔期。其渔获量的多少往往受海流、沿岸流和江河水流的影响。目前，蓝点马鲛主要分布在西北太平洋。在我国东海、黄海和渤海，蓝点马鲛作为北部沿海地区的主要捕捞经济鱼类，产量一直很稳定。但在 20 世纪 70 年代末，由于过度捕捞，某些区域的渔汛逐渐消失。同时由于海岸工程建设的不断开展、生态环境逐步恶化，使得其在黄渤海的资源受到严重威胁，也影响着人们的生活。

在青岛等地流传着这样的俗语："鲅鱼跳，丈人笑。"每年蓝点马鲛最肥美的初春时节，女婿会精心挑选几条孝敬岳父、岳母。这一传统习俗已被确定为青岛市非物质文化遗产。

它的亲戚

马鲛鱼是重要的高级食用鱼类，种类很多，常见的还有中华马鲛、斑点马鲛、康氏马鲛等。

中华马鲛，集中分布在西太平洋，由日本海向南至中南半岛附近海域。在我国，主要分布于南海、台湾海峡、东海、黄海等海域。迄今捕获的世界上最大的鲅鱼王就是中华马鲛，其身长 2.64 米，重达 130 千克。

斑点马鲛，主要分布在印度尼西亚、印度、马来半岛、澳大利亚海域，以及我国的南海、台湾海峡、东海等海域，多栖息在近岸中上层温暖海域。

马鲛鱼肉 ▶

如何挑选新鲜的鲅鱼

新鲜优质的鲅鱼头背部泛着蓝黑色的光，尾巴微微上翘，身体略有弯曲，摸上去肉质紧实，切开后肉呈蒜瓣状，色泽微红。

▲ 银鲳

银鲳

闽南地区有句谚语："一鯃，二红鲋，三鲳，四马鲛，五鮸，六加腊。"这里说的鲳就是我们餐桌上最常见的银鲳。

镰鳍燕尾

银鲳，也称白鲳、镜鱼、平鱼或者鲳鳊鱼。《闽中海错疏》这样描述它的外形："鲳，似鳊，脑上凸起连背而圆，肉白而甚厚，尾如燕子，只一脊骨而无他鲠。"银鲳头小，圆溜溜的眼睛和微张的嘴巴看上去十分呆萌。它的身体侧扁，侧面观略呈菱形，通体银白色，只有背部略呈青灰色，身上覆盖着细小的银色鳞片。银鲳的背鳍和臀鳍好似一把镰刀，尾鳍则如燕尾一般。

生活习性

银鲳主要以水母、底栖生物等为食。银鲳有洄游的习性，夏天，它们聚集在沿岸的中层海域，在这里繁殖后代。等到秋风一起，产卵结束，它们又会游到较深的外海。银鲳还喜欢与金线鱼或对虾等群聚生活。

资源分布

银鲳主要生活在印度—西太平洋，在我国沿海也有分布。2016年，我国鲳鱼捕捞量约为 34.6 万吨。为了缓解捕捞对野生资源的破坏，银鲳的人工繁殖技术近年来得到快速发展。

▲ 中国鲳

它的亲戚

中国鲳，主要分布在我国南方，在闽粤也被称为斗鲳。与银鲳相比，中国鲳身体略宽，体型相对较大，鱼尾较短，鱼身更加肥厚。

比目鱼

▲ 比目鱼眼睛

“得成比目何辞死，愿作鸳鸯不羡仙。比目鸳鸯真可羡，双去双来君不见。”在唐初诗人卢照邻笔下，比目鱼与鸳鸯都成为夫妻相濡以沫、同生共死的坚贞爱情的化身。

凤凰双栖鱼比目

比目鱼，又俗称鲽鱼、板鱼、偏口鱼等。《尔雅 · 释地》中说：“东方有比目焉，不比不行，其名谓之鲽。”由此可见，“鲽鱼”这个别称由来已久。比目鱼的身体扁平如板，双眼的位置十分独特。

眼睛的迁移

在生物界，多数脊椎动物体形为左右对称，但比目鱼是个例外。它的双眼并列，位于身体同一侧，比目鱼也因此得名。

其实，比目鱼身体的这种奇异的不对称性并非与生俱来。刚孵化出来的比目鱼幼体与普通鱼类并无差别，眼睛对称地长在头部两侧，栖息在海水表层。随着比目鱼日益长大，奇怪的事情发生了，它的身体开始变得扁平，一侧的眼睛开始“搬家”，通过背脊逐渐移到另一侧，直到两只眼睛凑在一起。比目鱼头骨扭曲变形，眼睛的迁移方式得益于其头骨。比目鱼身体一侧的眼睛开始向另一侧移动。奇特的变异就这样完成了，这也使它不适合漂浮而更适于栖息在海底泥沙中。

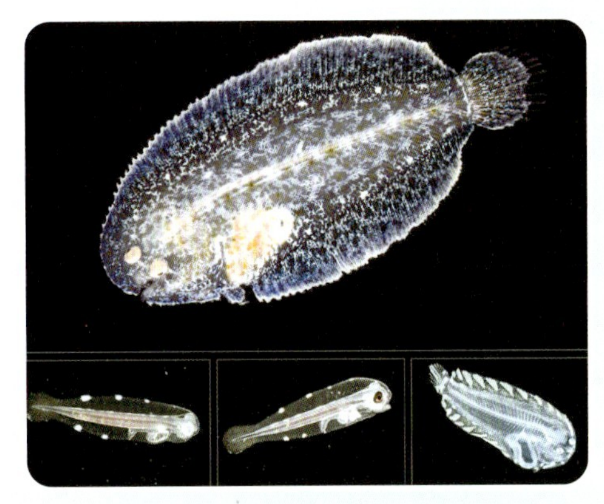

▲ 比目鱼的成长历程中眼睛的迁移

变色伪装

比目鱼的眼睛虽在一侧，却很灵活，可以清楚地观察周边的地形状况，有眼侧皮肤上的变色细胞就会根据环境的颜色变换颜色，将自己伪装于环境中，当其他小生物路过它的领地时，它就会一跃而起将其吞食。其无眼侧近乎白色。

▲ 比目鱼(鲽)伪装于环境

半滑舌鳎的性逆转

某种特定条件下，动物的雌雄个体相互转化的现象被称为性逆转。半滑舌鳎在自然繁殖条件下，遗传上为雌性的个体并不全部发育成雌鱼，还可能受到常染色体和环境因素等影响，发生性逆转，发育成伪雄鱼，但性逆转个体比例较低。自然性逆转现象在半滑舌鳎养殖群体中普遍存在，伪雄鱼生长速度和个体大小都介于雌鱼与雄鱼之间，能够产生精母细胞，不能生成卵母细胞，其精子的质量和数量也不如正常雄鱼。

▲ 比目鱼(鳎)伪装于环境

资源分布

比目鱼主要以底栖无脊椎动物和鱼类为食，是中下层鱼类，少数生活在淡水中，其分布与环境因素（如海流）密切相关。其主要类别有鳒、鲽、鲆、鳎、舌鳎类等。不同类别的比目鱼生活的海域有所不同，鲆类喜欢生活在热带和温带海区；鲽类主要分布在温带和寒带海区；鳎类则主要分布在热带和亚热带海区。它们大部分栖息在近海，有些种类（如华鲆）还进入江河生活。2015 年我国鲽类养殖量为 8 618 吨，较 2014 年增长了 10.5%；鲆类养殖量为 13.2 万吨，较 2014 年增长 4.3%。

▲ 麦氏舌鳎

▲ 大菱鲆

家族成员

比目鱼种类较多，全世界约有 540 种，我国有 138 种，属于重要的经济鱼类。眼睛是区分鲽形目鱼类的重要特征之一，正所谓“左鲆右鲽，左舌右鳎”。比目鱼的双眼都位于身体的右侧的，称为右眼种类，如鲽类和鳎类；反之则为左眼种类，如鲆类和舌鳎类；有些比目鱼类则左眼和右眼种类皆有。

鲽类常见的种类有高眼鲽、石鲽、星鲽、长鲽、黄盖鲽、木叶鲽、油鲽等。其身体多呈卵圆形或长圆形，颌齿长且尖细；背鳍、臀鳍与尾鳍不相连接。

鳎类常见的种类有条鳎、卵鳎等。舌状的身体像极了“鞋底”，眼位于头的右侧，前鳃盖后缘不游离。鳎类与鲽类的不同在于鳎类的前鳃盖分布有皮膜及鳞片，而鲽类则没有。

舌鳎类常见的种类有半滑舌鳎、宽体舌鳎和斑头舌鳎等。其体侧扁、呈长舌状，眼均在头的左侧，吻部钩状下弯，口下位，前鳃盖边缘不游离，背鳍、臀鳍、尾鳍相连。在我国沿海常常可看到它们的身影。

鲆类常见的种类有牙鲆、斑鲆、花鲆、大菱鲆等。颌齿尖细，背鳍、臀鳍与尾鳍不相连接。牙鲆是名贵的海鲜，可直接食用或者制作成罐头和咸干制品，肝脏还可以提炼鱼肝油。

大菱鲆，又称多宝鱼、欧洲比目鱼，有眼侧常呈青褐色，体表覆盖着极细密的鳞片，且有黑色颗粒，腹面光滑呈白色。大菱鲆肉质细嫩洁白，口感软嫩爽滑，味道鲜美，素有“海中雉鸡”之称，其裙边胶质含量丰富。古罗马时期的皇宫贵族将大菱鲆奉为席上珍品，常贮养于宫廷水池中，留作节庆之日享用。在当代，大菱鲆亦是欧洲最高档的海鱼之一，被列为英国的国宴用鱼以及西班牙的国宝鱼。

原产于英国的大菱鲆，多生活在大西洋东部沿岸。但由于过度捕捞，野生大菱鲆的产量逐年下降，所以早在 19 世纪末英国就开始了大菱鲆的人工繁殖研究。目前欧洲是世界上最大的大菱鲆生产地，而我国从英国引进的大菱鲆，以其良种优势，现已成为我国北方重要的经济养殖鱼类。

海洋虾蟹类

MARINE SHRIMPS AND CRABS

海洋虾蟹类

MARINE SHRIMPS AND CRABS

宴席上，虾蟹大餐自古以来都是人们无法抗拒的鲜甜美味。虾与蟹同属于甲壳动物，体表都有一层甲壳保护。此外，还有一类外形介于虾与蟹之间的特殊群体，如寄居蟹。

虾与蟹的生活习性大致相似。在幼体阶段，它们浮游生活，多次蜕皮后很多种类便开始底栖生活，这时候威风凛凛的螯足、虾枪以及一身甲胄就派上了用场，虾蟹类的捕食活动全靠它们。虾蟹不挑食，藻类、贝类、甲壳类以及一些游泳能力弱的鱼类，都会成为它们的摄食对象，甚至还有嗜食同类的习惯。

虽然虾蟹的生命周期短，但它们的繁殖力十分旺盛。我国辽阔的海域中，虾蟹资源十分丰富，很多种类具有极高的经济价值，虾类有中国明对虾、鹰爪虾等；蟹类有三疣梭子蟹、日本蟳和锯缘青蟹等。目前，虾蟹已成为我国重要的海洋捕捞和养殖对象，因此，加强虾蟹类的研究管理和保护开发，保障虾蟹资源的可持续利用显得十分必要。

虾蟹味道之鲜美无须赘言，无论是辣椒、孜然齐上阵的香辣蟹，还是佐以青椒、茭白爆炒的大虾，都能唤起人们对美味最深切的渴望，即使是用清水简单蒸煮，也能展现出虾蟹令人欲罢不能的鲜美。下面让我们来走近这些海洋武士吧。

▲
德国生物学家海克尔《自然界的艺术形象》中的虾蟹

▲ 口虾蛄

口虾蛄

口虾蛄在沿海地区极为常见，但这文绉绉的名字知道的人并不多，它的俗称倒是很多，除了“皮皮虾”这个响当当的名头外，还有文艺的雅号“琵琶虾”，随意的称呼“虾爬子”，威猛的头衔“虾虎”。虽然口虾蛄很常见，但其滋味岂是一个“鲜”字了得。

水中螳螂

虽然占了一个“虾”的名头，然而与大部分虾蟹是十足目不同，口虾蛄属于口足目，也就是说，论起亲疏来，梭子蟹都比口虾蛄与一般虾类的关系更近些。口虾蛄的外形与一般虾类相比，显得也有些另类。它的身体较长，头胸部和腹部扁平，身披“铠甲”。宋代罗愿著《尔雅翼》，说它“状如蜈蚣”，细细看来，那浑身一节节的硬壳和倒刺，的确与蜈蚣有几分相像。口虾蛄的尾部有宽大的尾扇，倒过来看颇像古代官老爷的乌纱帽，因而蓬莱等地也称之为“官帽虾”。

口虾蛄具有发达的视觉，同时，还是个出色的泳坛健将，游动时利用腹部游泳肢快速的摆动与尾扇强力的拍打，并依靠惯性在水中滑行。口虾蛄非常勇猛好斗，其掠足似螳螂它还有一个外号，名叫“螳螂虾”，那一手“螳螂拳”的功夫可不容小觑。在捕食时，口虾蛄常会用长着尖刺的掠足将猎物刺死，然后将猎物吃掉。口虾蛄喜欢吃虾、小鱼，头足类、多毛类等也在它的食谱之中。

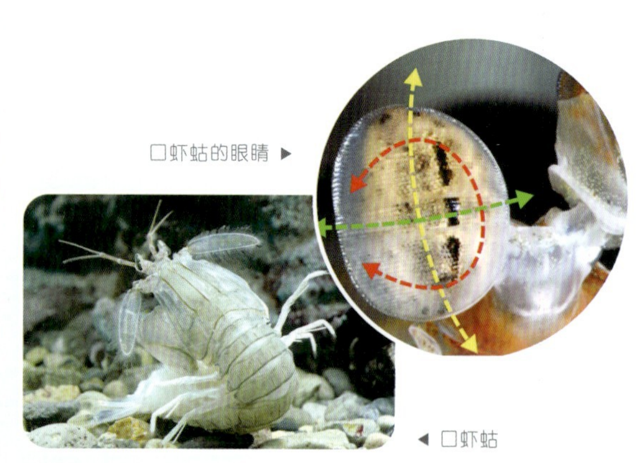
口虾蛄的眼睛 ▶
◀ 口虾蛄

美味虾黄

每年四五月份，雌口虾蛄的卵巢发育成熟，5 万粒卵形成一条长长的“虾黄”，几乎充满整个腹腔，此时正是口虾蛄最美味的时节。5 ～ 7 月是口虾蛄产卵的高峰期，雌口虾蛄把卵宝宝抱在胸前，等待它们孵化。

带卵的口虾蛄 ▶

▲ 口虾蛄（雄）　▲ 口虾蛄（雌）

安能辨我是雌雄？

除了繁殖季节，通过“虾黄”可辨别出雌虾蛄，还有其他方法辨别雌雄吗？

雌虾蛄在第六胸节腹面有一对产卵孔，在第六至第八胸节腹面有白色“王”字形的胶质腺结构。

雄虾蛄第八胸肢基部内侧突出形成管状的交接器。

资源分布

口虾蛄多生活在泥沙质海底的洞中，分布极广，从俄罗斯沿岸海域到夏威夷群岛沿岸海域均有分布，我国沿海都有分布。

它的亲戚

蝉形齿指虾蛄，又名雀尾螳螂虾，体长可达 20 厘米。外表由鲜艳的红、蓝、绿等颜色构成，色泽极为艳丽，所以它很早就被引入水族宠物的行列。蝉形齿指虾蛄的掠足异常坚硬发达，其弹击力量惊人，能够击碎甲壳类与贝类的外壳。蝉形齿指虾蛄主要分布于关岛至东非的印度—西太平洋热带海域，包括我国的南海及台湾海域。

▲ 蝉形齿指虾蛄

对虾

▲ 中国明对虾

无论在南方还是北方，虾都是餐桌上常客，其中硕大肥美的对虾是许多人的心头好。为什么叫对虾呢？因为过去渔民在集市上常常是成对将其出售，久而久之，人们便将其称之为“对虾”。

为美食而生

对虾，一般是对十足目、对虾科虾类的泛称，其通体光滑，甲壳薄而透明。其体色随着环境的变化和成长阶段的不同而有所变化。其中，中国明对虾雌虾体色灰青，雄虾体色发黄，且成体雌虾大于雄虾。

对虾身体分节明显，除最前和最后一节外，各节皆有一对附肢，这些附肢使得对虾既可以爬行于海底，又能在海水中自由游动。

“失职”的母亲

对虾分为定居型（如日本囊对虾、宽沟对虾）和洄游型（如中国明对虾），前一类栖息在沿岸浅海，白天潜入沙底；后一类主要生活于河口附近海域，常进行大范围迁徙。昼伏夜出的对虾，主要捕食多毛类、小型甲壳类和双壳贝类等底栖无脊椎动物。

很多人觉得满腹虾子的虾味道更加鲜美。但我们吃对虾时却从来没吃到过虾子，难道吃的都是雄虾？当然不是这样。在虾蟹中，大多种类的雌性都会将受精卵附于腹肢上孵化，也就是俗称的“抱卵”；而雌对虾却是在受精后“不负责任”地将受精卵直接产入海水中，没有任何育卵行为，因而我们吃不到对虾的虾子。

对虾一生要经过多次变态发育，受精卵经过十几个小时孵化成无节幼体，蜕皮 6 次变为蚤状幼体，蚤状幼体蜕皮 3 次、糠虾幼体蜕皮 3 次后进入幼体期，之后虾苗经过 3 ~ 6 个月长成成体。

斑节对虾 ▲

资源分布

以中国明对虾为例，在我国每年 4 ～ 6 月和 9 ～ 10 月为捕捞对虾的最佳时节。对虾生长速度较快，寿命也相应较短，一般为 1 年，少数可达 2 年。

家族成员

全世界记录有 28 种对虾，其中大西洋分布种类最多，有 7 种；太平洋分布着 6 种。这里为大家介绍几种常见的对虾。

中国明对虾，亦称中国对虾、大明虾和东方对虾，常栖息在浅海海底。我国沿海均能看到其身影，主要分布在黄海、渤海和朝鲜半岛西部沿海。具有较高经济价值的中国明对虾，是我国沿海的主要养殖品种。

▲ 斑节对虾

斑节对虾，国外称其为黑虎虾、牛海龙，我国南方称其为鬼虾和草虾，这种虾能耐高温和低氧，但对低温的适应力较弱。斑节对虾个体很大，最大的雌虾长可达 33 厘米，体重超过 500 克，体表有环状斑纹。斑节对虾深受消费者欢迎，是目前东南亚国家最主要的养殖品种。

▲ 凡纳滨对虾

凡纳滨对虾，又称南美白对虾，因步足为白色，又别名白脚虾，原产地在中南美洲太平洋沿岸海域，如今，它是全球养殖产量最高的虾类。其外形与中国明对虾相似，体色则为浅灰色，全身没有斑纹。

▲ 鹰爪虾

鹰爪虾

乾隆作为皇帝中的美食家，留下了很多有关美食的民间故事。相传他在品尝过海米豆腐汤后，对产自登州府的海米赞不绝口，并赐名“金钩海米”，连海米豆腐汤也得了“金钩钓玉牌”的雅号，而“金钩海米”说的便是经蒸煮干制而成的鹰爪虾。

金钩海米 ▶

金钩海米

鹰爪虾经过蒸煮和自然晒干等传统加工工艺，到虾皮干脆时，手工去皮后保持虾体完整呈钩状，海米颜色呈金黄色，故称“金钩海米”。其中崂山的“金钩海米”在新中国成立后，尤其是 20 世纪六七十年代，就已经成为青岛地区的馈赠特产。

虾生“鹰爪”

鹰爪虾，又名鸡爪虾、红虾和立虾，体形粗短，因其腹部弯曲，尾末端尖细，形如鹰爪而得名。与一般虾类薄透而光滑的甲壳不同，它的甲壳很厚，且表面粗糙不平，因此又被称作厚壳虾。

泥沙中的夜行者

鹰爪虾与许多虾类一样，喜欢昼伏夜出，白天栖息在泥沙质海底，因而又被称作“沙虾”，夜间则在水中觅食，腹足类、双壳贝类动物等都是它的食物。

鹰爪虾的繁殖有两个阶段：交尾和产卵。大多数雌虾在夏季临近产卵期时交尾，只有少数体长较大的雌虾在秋季进行交尾。它们的排卵方式十分特别，卵巢中的卵子分批成熟，然后分批排出体外。因而鹰爪虾的产卵期较长，产卵场分布很广。

资源分布

鹰爪虾出肉率高，肉味鲜美，是一种中等大小的经济虾类。在我国沿海均可看到它们的身影，但其集中分布在渤海、黄海和东海。威海和烟台沿海是鹰爪虾的主要渔场。在南方，鹰爪虾大多分布在广东和浙江舟山群岛沿海。

北极甜虾

▲ 北极甜虾

北极甜虾，学名北方长额虾，又称北极虾，因产自北极附近海域且虾有淡淡甜味而得名。北冰洋和北大西洋是其主产地，主要捕捞的国家有加拿大、丹麦、冰岛和挪威等。捕捞后在船上直接将北极甜虾用海水煮熟后冷冻，保证新鲜。北极甜虾生长在 150 米水深的冰冷海水中，生长速度缓慢，因此肉质紧密，体型也比一般暖水虾小。用北极甜虾做的寿司是日本料理中的宠儿，深受人们的喜爱。

正确食用北极甜虾

北极甜虾可放在常温下自然解冻，但不要浸泡在水中解冻，尤其不要浸泡在热水中解冻！夏季温度高时可以在 0℃～ 4℃的保鲜柜中缓慢解冻。这样可以最大限度地保持北极甜虾的口感和鲜度。

解冻后的北极甜虾，既可以直接食用，也可以蘸芥末和酱油或以其他烹调方式食用。

▲ 虾子在头部的北极甜虾

◀ 虾子在腹部的北极甜虾

▲ 锦绣龙虾

▲ 龙虾幼体

▲ 龙虾的卵内出现眼点

龙虾

宋天圣元年，渔者得于海中，长三尺余，前二钳可二寸许，末有红须尺余，首如数升器，若绘画状，双目，十二足，文如虎豹。大率五彩皆具，而状魁梧尤异。中使吴仲华绘其像以闻，诏名神虾。——《太平县志》

县志中描述中的“神虾”很有可能就是锦绣龙虾。“龙虾”名字的由来大概是因为龙虾与传说的龙有几分相似，都有硬硬的“铠甲”和长须。在酒店餐桌上经常出现的“澳洲龙虾”就是锦绣龙虾。

七彩龙虾

锦绣龙虾也称花龙虾、青龙虾等，因为体色的多彩斑斓，也有渔民称它为“七彩龙虾”。绿色的体表搭配略微蓝色的头胸甲，触角、步足和腹部分布着黑黄色相间的斑纹。锦绣龙虾是最大的可食用龙虾之一，最大体长可达60厘米。

庞大的集体

锦绣龙虾过着群居生活，在珊瑚周围的浅海泥沙中可找到它们，少数生活在河口附近的底泥中。锦绣龙虾昼伏夜出，常常十几只甚至数百只“组团”觅食。夏季它们大多栖息在浅海，冬季则移至较深的地方。锦绣龙虾主要摄食贝类和小蟹等海洋动物，也食用海藻等海洋植物。

资源分布

锦绣龙虾在日本、东非、印度、澳大利亚等海域均有分布，在我国主要分布在南海和台湾海域。近些年来，我国沿海龙虾资源急剧减少，尤其是锦绣龙虾的资源越发稀缺，广东、福建和海南已把锦绣龙虾列入Ⅱ级野生保护动物，人工增殖龙虾资源迫在眉睫。

家族成员

龙虾科下有 11 个属，共有 46 种龙虾。我国已发现 8 种：锦绣龙虾、中国龙虾、波纹龙虾、杂色龙虾、日本龙虾、赤色龙虾、密毛龙虾和日本脊龙虾。

中国龙虾，体表呈橄榄色或青绿色，外形与波纹龙虾很相似，但其两眼柄之间没有斑纹。成虾个体虽不及锦绣龙虾大，但在我国分布的几种龙虾中，中国龙虾的数量最多且分布最广，是我国海区的特有种，主要分布在南海和东海南部，台湾沿海也有分布。在岩礁间可发现其身影，它们习惯在夜间活动和摄食。

▼ 美洲螯龙虾

美洲螯龙虾

美洲螯龙虾又被称为波士顿龙虾、加拿大龙虾、美国龙虾和缅因龙虾。其实它并不属于龙虾科，而是隶属于十足目、海螯虾科。据记载，最大的美洲螯龙虾重达 20.14 千克，从尾部到大螯尖端长达 1.06 米。体色一般为橄榄绿或绿褐色，也能见到橘色、红褐色或黑色的个体。

虽然美洲螯龙虾是现代餐桌上的宠儿，身价颇高，但在几百年前，由于殖民者在新大陆势力的扩张，它却是囚犯和穷人的主食。

美洲螯龙虾生活在北美大西洋沿岸，那里有许多岩石为其提供庇护，也有丰富的鱼和小型甲壳动物等供它们捕食。由于生活环境的寒冷和大螯的高频活动，美洲螯龙虾的肉质较粗，虾身也没有膏，但其味道更醇厚。然而，人类贪婪的捕杀让这些看上去很强大的动物濒临灭绝，连美洲螯龙虾的幼体也惨遭捕杀。

梭子蟹

▲ 三疣梭子蟹

“陆珍熊掌烂，海味蟹螯成。”早在唐代，诗人白居易就将海蟹螯足和熊掌同一而论，可见其鲜美珍贵。“蟹鲜而肥，甘而腻，白似玉而贵似金，已造色香味三者之极，更无一物可以上之。”清代李渔更是不惜笔墨对蟹的鲜香给予高度赞誉。梁实秋、丰子恺都有吃蟹的妙文传世；汪曾祺说得更绝——“蟹乃人间至味”。作为海蟹的重要种类，肉质细嫩的三疣梭子蟹成为人们餐桌上的常客。

形态特征

三疣梭子蟹，俗称梭子蟹、三点蟹等。因其头胸甲部分呈梭形，背面的胃区、心区有着 3 个明显的像疣一样的突起而得名。螯足发达；第 4 对步足的掌节和指节的形状像桨，负责游动；而前面的 3 对步足主要用于海底爬行。扁平的腹部被称为蟹脐，成年雄蟹的腹部为长三角形，被称为“尖脐”；而雌蟹的腹部因近似圆形被称为“圆脐”。其体色随着环境的不同而有所变化，主要是蓝灰色、紫色，少数长有虎斑纹。

不断蜕变

三疣梭子蟹有昼伏夜出的习性。它的食性复杂，既喜欢吃一些小的贝类、小虾和小鱼，也喜欢吃一些藻类的嫩芽，腐烂的海洋动植物也能成为它的美餐。三疣梭子蟹能活两三年，最大能长到 0.5 千克。多次产的受精卵抱在腹肢上，刚产出时为黄色，两周后变为黑褐色。变成蚤状幼体后，像放烟幕弹一样，数以万计的幼体从雌蟹的尾部向四处扩散。经过 4 次蜕皮变态为大眼幼体，再蜕 1 次壳变为幼蟹，幼蟹要经过十几次蜕壳才能变成成蟹。它们的成长历程可谓危险重重，在蜕壳时，里面的壳还没长硬，梭子蟹又喜欢打架，因此软壳蟹很容易被别的蟹或其他动物吃掉。

▲ 梭子蟹的成长历程

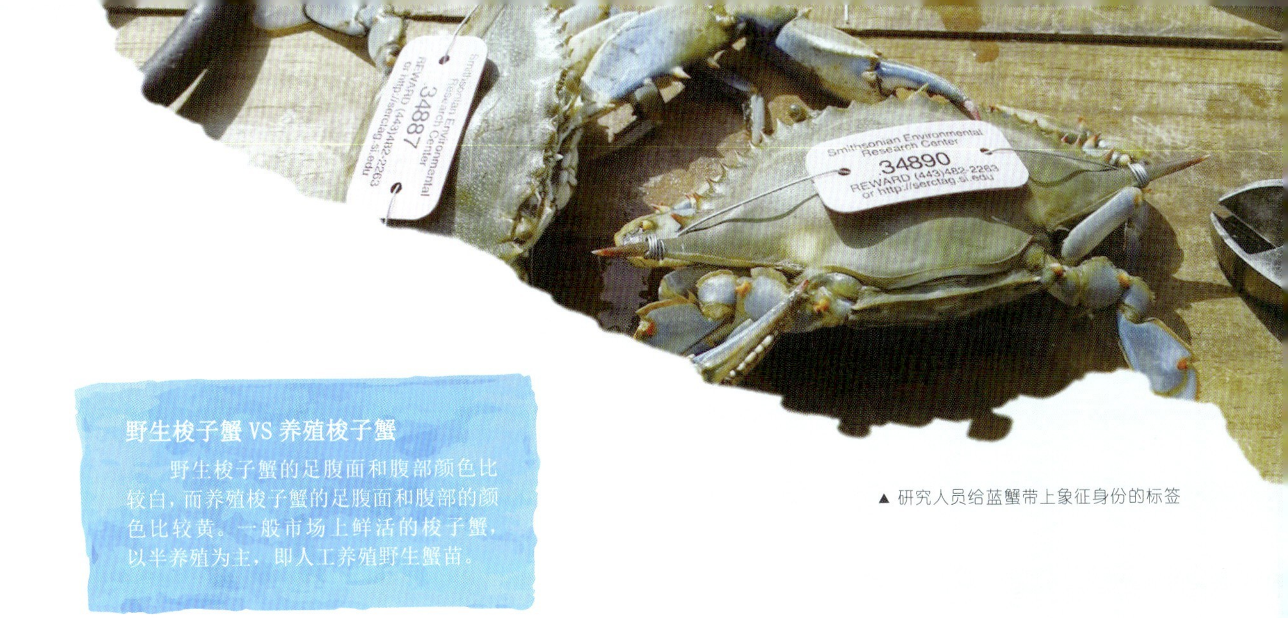

▲ 研究人员给蓝蟹带上象征身份的标签

野生梭子蟹 VS 养殖梭子蟹

野生梭子蟹的足腹面和腹部颜色比较白，而养殖梭子蟹的足腹面和腹部的颜色比较黄。一般市场上鲜活的梭子蟹，以半养殖为主，即人工养殖野生蟹苗。

资源分布

三疣梭子蟹除在我国广西、广东、福建、浙江、山东半岛和辽东半岛等沿海有分布外，在日本、朝鲜、马来群岛等海域也有分布。沿海渔民有一句俗语：“西风起，蟹脚肥。”就是说天气开始冷了，蟹子开始肥壮。中秋节前后是吃蟹的最好时节。三疣梭子蟹一年有春、秋两次渔汛。

20 世纪八九十年代，我国开始人工养殖三疣梭子蟹，主要集中在浙江、江苏和山东等沿海地区，采用滩涂海水池塘散养等方式。

家族成员

梭子蟹种类很多，仅在我国沿海就有 17 种，在印度—西太平洋则有 50 多种，红星梭子蟹等也是较为常见的种类。

▲ 红星梭子蟹

红星梭子蟹，头胸甲表面有 3 个明显的血红色卵圆形斑。其分布范围很广，遍及整个印度—太平洋，在我国则主要分布在广西、广东和福建等沿海。

蓝蟹，因其步足和螯足均为蓝色而得名，也称青蟹或美味优游蟹。其分布遍及西大西洋、南印度洋、中美洲的太平洋海岸和墨西哥湾，美国是其主产地。作为一种著名的食用蟹，其产量从 20 世纪 90 年代末至 21 世纪初已开始大幅减少。

▲ 蓝蟹

锈斑蟳

▲ 锈斑蟳

锈斑蟳，除了鲜香味美之外，最引人注目的大概就是蟹壳上那个明显的十字纹路了。明末清初之际，欧洲著名传教士卜弥格在中国传教时，写下的《中国地图册》中记载：“两广附近中国海中出蟹，蟹背有白十字架，两旁有二旗，亦白色。蟹熟成红色，架与旗仍不变其色。”当时许多欧洲人有意无意穿凿附会，以扩大天主教的影响，因此背负着十字架的锈斑蟳被认为是“上帝的使者”。

形态特征

锈斑蟳，俗称花蟹、红花蟹，通体遍布锈斑一样红黄交错的花纹。头胸甲呈横椭圆形，前缘有一排窄而尖的锯齿；螯足相当粗壮，挥舞起来威风凛凛。锈斑蟳的十字纹路由在头胸甲前半部分的一道橘黄色的纵斑与在前胃区常有的一道橘黄色的横斑相交形成，因此又有人称它为“十字蟹”。

生活习性

在浅海中常可看到锈斑蟳的身影。未抱卵的雌蟹一遇到外界刺激会迅速潜沙；而抱卵的雌蟹因为需氧量大不再潜沙。雌蟹常在夜间产卵，卵大多黏在腹肢刚毛上，像浅橘黄色的葡萄。

资源分布

锈斑蟳主要生活在日本、澳大利亚、泰国、菲律宾、印度、马来西亚、坦桑尼亚、南非、马达加斯加以及我国广东、福建、浙江、海南、台湾等地沿海。

它的亲戚

蟳属中，还有日本蟳、双斑蟳、钝齿蟳等食用种类。

日本蟳，俗称靠山红、石蟳仔、赤甲红、石蟹、石奇爬等。全身披有坚硬的甲壳，壳的颜色比较多变，或是灰绿色，或是暗棕色，或是其他颜色，在胃区、鳃区常具有细小的横行颗粒隆纹。主要分布在日本、马来西亚、我国沿海以及红海，它们通常栖息在低潮线附近的沙或砾石底质的海底，一般不喜欢泥质，常捕食小型鱼虾和贝类，有时连动物尸体也不放过。

▲ 钝齿蟳从幼蟹到成蟹的生长变化

▲ 日本蟳

▲ 锯缘青蟹

青蟹

“未游沧海早知名，有骨还从肉上生。莫道无心畏雷电，海龙王处也横行。”寥寥数语为人们品味蟹馔平添几分韵味。谈及美味的螃蟹，不能不提到青蟹。每年中秋，正是吃蟹的大好季节。此时的青蟹，膏满肉肥，南方人称其为“膏蟹”，有“海上人参”之称，别有一番滋味。

不可小瞧的螯足

青蟹，一般指锯缘青蟹，因体色青绿而得名，也称为蝤蛑。表面光滑的头胸甲略呈椭圆形，中部稍稍隆起，胃区和心区之间有明显的 H 形凹痕。强壮的螯足是其摄食和御敌的得力工具。

生活习性

锯缘青蟹喜欢生活在近岸浅海、河口、红树林和沼泽地的滩涂水洼或岩石缝中。白天大多穴居，夜间四处觅食。性情凶猛，主要捕食鱼、虾、贝类。锯缘青蟹是广温广盐海产蟹类，对生活水域的温度和盐度要求不高，其适宜生长水温为 15℃～ 31℃。当水温降至 15℃以下时，锯缘青蟹的生长明显减慢；当水温降至 7℃～ 8.5℃以下时，锯缘青蟹会停止摄食与活动，进入休眠与穴居状态。

资源分布

锯缘青蟹广泛分布在印度—西太平洋热带、亚热带及温带海域。在我国主要分布于广东、福建、浙江、江苏等东南沿海地区，是我国重要的海洋经济养殖蟹类之一。

寄居蟹

▲ 红星真寄居蟹

《本草纲目》曰："寄居在螺壳间，非螺也。候螺蛤开，即自出食，螺蛤欲合，已还壳中……负壳而走，触之即缩如螺……似蜗牛，火炙壳便走出，食之益人。"古代称寄居蟹为寄居虫，也称"白住房""巢螺"和"寄居虾"等，大连人尤其喜欢吃它们，又称其为虾怪。

四不像

寄居蟹的外形介于虾和蟹之间，长得有点"四不像"，大多身体左右不对称。它的前面一对大螯发达，左右螯多不等大，其腹部长，柔软而卷曲，蜷缩于贝壳内借此来保护自身不受伤害，寄居蟹也因此而得名。

从外表来区分带壳寄居蟹的性别是很难的，只能将其从螺壳中取出来辨别，除非有抱卵的雌性卵团暴露在壳口，这时无须取出即可辨认。雄性的生殖器长在第五对胸足的基部，雌性生殖孔开口则在第三对胸足处，卵小而多，附着于雌性腹肢毛上。

▼ 顶着海葵的寄居蟹

海葵的挚友，忠实的“房奴”

寄居蟹并不挑食，无论是藻类、食物残渣还是动物尸体都可成为它的美食，它还能把海滩上的空壳运走，因此也被称为“海边的清道夫”，很多养鱼爱好者会在水族箱里放几只寄居蟹来做“清洁工”。寄居蟹的寿命一般为 2 ～ 5 年，在良好的饲养条件下活到 20 多年也是较常见的。有记载显示最长寿命为 70 年。

在寄居蟹成长过程中，随着身体的增大寄居蟹需要不时地更换“房子”。它们对房子的要求也是各有所好，多数喜欢圆口、质轻、便于出入的螺壳，少数喜欢平口或扁口的。也有少数穴居或寄生于珊瑚、角贝等中。然而完好、漂亮又合体的房子并非俯拾即是，常常会遭到“强者”的武力争夺。

在海边，我们经常可以看到寄居蟹头顶着一只海葵，这究竟是怎么一回事呢？原来，寄居蟹与海葵是共生关系：海葵担任寄居蟹的“门卫”，海葵会用有毒的触手去蜇那些敢来靠近它们的敌人，保护寄居蟹。寄居蟹在换新房时也会将海葵一同带走，继续让其保护自己。寄居蟹也可将海葵背着四处游走，两者相依为伴。

寄居蟹千奇百怪的房子

▲ 房子破掉的寄居蟹

资源分布

寄居蟹的分布十分广泛，海栖的寄居蟹一般生活在海滩礁岩浅水里或珊瑚礁的潮间带等多种海洋环境中，即便是陆寄居蟹，它们的繁衍也离不开大海，从产卵到孵化以及幼体的成长都必须在海中完成。大的寄居蟹可以食用，尤其是大螯的肉十分鲜美，春季怀卵期间的寄居蟹是最肥、最好吃的。

家族成员

全世界已知的寄居蟹超过 1 000 种，我国约有 100 种，包括活额寄居蟹科、寄居蟹科和陆寄居蟹科的常见种类。

大寄居蟹，又名方腕寄居蟹。体长可超过 10 厘米，大螯上生有许多刺状突起，步足上有刺。在我国多分布于黄渤海、东海较深海底，喜冷水，是大连市场上的常见寄居蟹。

椰子蟹，不是居住在螺壳内，而是住在别的“宿舍”中，如竹子、碎椰子壳、珊瑚甚至木桶等。它喜欢偷盗，常把旅游者在沙滩上会餐时用的勺子和筷子盗走，因此也得了一个坏名声 —— 强盗蟹。现存最大的陆生节肢动物，非椰子蟹莫属。它外壳坚硬，拥有两只强壮有力的巨螯，是爬树高手，尤其善于攀爬上笔直的椰子树，用强劲的双螯剥开坚硬的椰子壳，吃其中的果肉，再以椰子壳做居所，这大概就是它名字的来历吧。椰子蟹分布于印度洋和西太平洋的热带岛屿，我国南海及台湾东南沿海有分布。

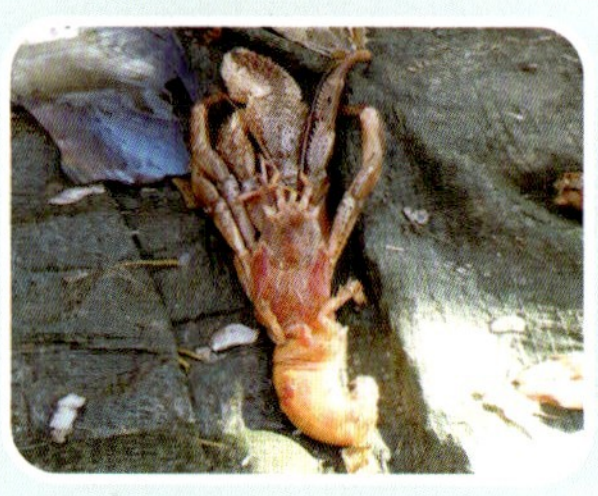
▲ 大寄居蟹

▲ 市场上出售的大寄居蟹大螯

▲ 椰子蟹

海洋贝类

MARINE MOLLUSCS

海洋贝类

MARINE MOLLUSCS

文艺青年认识贝类，也许是从一串串贝壳风铃开始的，绚烂精巧的贝壳在廊檐下轻轻撞击，清脆的风铃声向你诉说大海的故事；而吃货认识贝类，则很可能是从蛤蜊或海螺开始，一盘鲜香美味的蛤蜊配上一大杯扎啤，大概是夏日里最美的滋味了。

遍布江河湖海、种类众多的贝类，是仅次于节肢动物的第二大生物族群。目前，已知的贝类超过 12 万种，除了少部分陆生和淡水贝类以外，剩下的便是海水贝类。根据海贝形态，可分为七大类：腹足类，如海螺等；瓣鳃类或双壳类，如蛤蜊、牡蛎、扇贝等，外壳一般由两片贝壳组成，呈瓣状；头足类，包括乌贼和章鱼等；多板类，包括多种石鳖；掘足类，如角贝等；单板类和无板类。其中占大多数的要数腹足类和双壳类。我国沿海贝类有 4 000 余种。

尽管贝类外形千差万别，若仔细观察，便能发现它们的共同特征 —— 具有能够分泌碳酸钙制造贝壳的外套膜和用来摄食的齿舌。贝壳可以算是贝类最特别的标志了。许多贝壳不但色泽绚丽，而且大都质地坚硬，构造精巧，既能承受深海的水压，又能保护自身免受天敌的侵害。早在金属货币出现以前，坚固又易携带的贝壳曾充当货币。

贝类和人类关系密切，早在渔猎时代，贝类就已被写入渔民采捕水产品的名录。贝类食品风味独特，且含有丰富的蛋白质、脂质和维生素等。贝类还可入药，从骨螺中提取的骨螺素可作为肌肉松弛剂；乌贼内壳又称海螵蛸，是一味中药。另外，贝壳还被广泛应用于工业生产，可烧制成石灰。同时，贝雕画的出现，也使贝壳成为重要的艺术创作材料。

目前，由于海洋污染以及非法捕捞行为，贝类资源已急剧衰减，部分种类已濒临灭绝。鹦鹉螺、库氏砗磲、大珠母贝、冠螺以及虎斑宝贝已被列入《国家重点保护野生动物名录》。

▲ 漂亮的贝壳

泥蚶

▲ 泥蚶

说到对美食的热爱，当代作家里恐怕很少有超越汪曾祺先生的。这样一位“吃货界”的大咖在吃过泥蚶后，亦忍不住盛赞其鲜嫩，将其剥了壳，肉直接入口，不用任何佐料，便十分美味，且不易给人造成饱餍的感觉。

汁水如血

泥蚶，俗称血蚶、银蚶、花蚶、蚶子等。与牡蛎不同，泥蚶的外壳左右同形，中间隆起，表面有一道道放射形肋条。泥蚶白色的外壳被褐色薄皮，肉柱呈紫红色，汁水如血，因而又有“血蚶”之名。

生活习性

泥蚶没有出、入水管，活动能力差，适合生长在潮流通畅、风平浪静的沿海内湾泥沙或软泥底中，富含腐殖质的软泥滩涂更是泥蚶的最爱。在退潮后，它们偶尔也会在滩涂上爬行。

泥蚶也是滤食性动物，依赖鳃纤毛的摆动形成水流，滤取海水中的食物，再借纤毛运动送进唇瓣的纤毛沟。硅藻类、有机碎屑和桡足类等都是泥蚶喜爱的食物。

雌雄异体的泥蚶遵从体外受精的法则。在南方其个体一般一年就可达到性成熟，在北方则需两年。

▲ 泥蚶

资源分布

泥蚶喜欢栖息在有淡水注入的内湾及河口附近的软泥滩涂上，我国沿海分布着大量的泥蚶。泥蚶是我国四大传统养殖贝类之一，在闽南、江浙地区分布着大大小小的人工“蚶田”。清道光《乐清县志》中有记载：“蚶，俗称花蚶，邑中石马。蒲岐、朴头一带为多，取蚶苗养于海涂，谓之蚶田。每岁冬杪，四明及闽人多来习蚶苗。”每年冬季正是泥蚶最肥美的时期。潮汕人有“十五食蚶，钱无零空”的习俗。蚶壳相磨所发出的声音，与铜钱声十分相似，所以人们又称蚶壳为“蚶壳钱”。

清理后的毛蚶外壳 ▶

它的亲戚

毛蚶，俗称毛蛤、麻蚶、瓦楞子等，广泛分布在西太平洋如日本、朝鲜等沿海，尤其喜欢生活在江河入海口附近。在我国，鸭绿江南部至广西的近海均可见毛蚶的身影，其中，以辽宁、山东和河北产量居多。

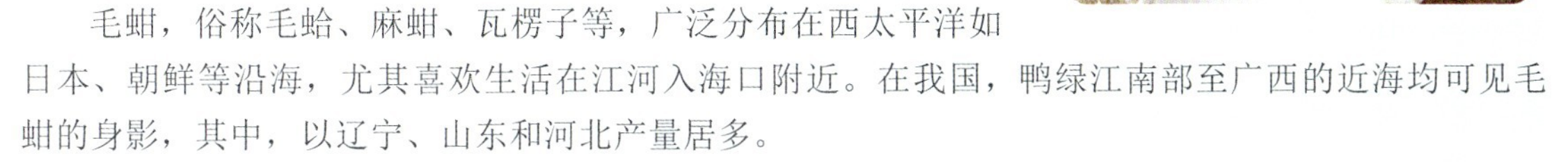

魁蚶，俗称赤贝、血贝、大毛蚶，主要分布在日本北海道至菲律宾沿岸海域和俄罗斯东南部沿海。我国的辽东半岛东南部、山东半岛北部和东部等海区是其主要分布区域。

魁蚶 ▶

贻贝

▲ 贻贝足丝

渔家胜味等园蔬，老圃秋来尚未锄。淡到夫人名位正，无盐唐突又如何。

—— 欧景岱《淡菜》

诗中盛赞的美味便是贻贝，在我国北方俗称海红，干贻贝则称作淡菜，古人还赋予它一个美丽的名字 —— 东海夫人。清代戈鲲化曾作《续甬上竹枝词》：“河伯昔曾闻娶妇，何如东海娉夫人。”

“海洋中的鸡蛋”

贻贝品种繁多，有“海洋中的鸡蛋”之称的紫贻贝在我国沿海最为常见。紫贻贝个头不大，楔形的壳质地轻薄。壳表面乌紫发亮，生长纹明显；灰白色的壳内面呈现出清晰的肌痕。排水孔由左、右两个外套膜后端愈合形成。贻贝的呼吸和代谢都要依靠从外套膜间进入外套腔内的水流来完成，这股水流由身体背部的排水孔排出，水流中附带的微小生物和有机碎屑等都可作为贻贝的滤食食物。

▲ 紫贻贝

顽固的线团

人们很难将抱作一团的贻贝从石缝中剥离。贻贝能够牢固地附着于石缝得益于其足丝腺分泌的足丝，这些足丝缠绕在一起，构成具有极强吸附能力的线团，便可以将贻贝固着在礁石等硬质物体表面。令船员们头痛的是，在远洋航船的船底经常会发现成片的贻贝，这些不速之客不仅会增加航行的阻力，更会腐蚀船体。

▲ 固着在礁石上的贻贝

资源分布

贻贝不惧严寒，可以生活在高纬度地区，北欧和北美沿海也可见到它们。紫贻贝主要分布在我国辽宁、山东、浙江和福建等近岸海域。退潮时经常可见到成片的贻贝。适应能力强的贻贝很适合人工养殖。我国的贻贝养殖年产量超过 60 万吨，可谓全球贻贝产量最大的国家。

不同国家的人们对美食的烹饪方式自然有所不同。法国人就对贻贝情有独钟，将贻贝煮熟后剖开，将柠檬汁淋在贻贝肉上食用，别有一番鲜爽滋味。在我国，人们常将晒干的贻贝放入高汤或粥中烹煮，也十分鲜美。

家族成员

种类众多的贻贝，仅在我国沿海就有 50 多种。紫贻贝、厚壳贻贝和翡翠贻贝是我国目前的主要养殖品种。

▲ 厚壳贻贝

厚壳贻贝，形态与紫贻贝有些相似，但它的壳更为厚重，个头也相对较大。壳表面为棕黑色，壳内面为紫褐色或灰白色。贝壳腹缘略直，背缘中端突出。厚壳贻贝主要分布在我国渤海、黄海和东海，在日本北海道、朝鲜南部沿海等也有分布。

▲ 翡翠贻贝

翡翠贻贝，壳呈青绿色或绿褐色，颜色和形状如孔雀羽毛一般，因此也被称作孔雀蛤，台湾人称其为绿壳菜蛤，香港人则叫其青口。翡翠贻贝多生活在我国东海南部和南海。

▲ 色彩缤纷的扇贝

▲ 栉孔扇贝

扇贝

同为海产贝类，不同于蛤蜊的朴素，也区别于牡蛎的粗犷，扇贝可谓是集美貌与美味于一身的海鲜了。栉孔扇贝是我国常见的扇贝养殖种类，除鲜食外，闭壳肌制成的干贝更是“海产八珍”之一。

海底的“羽扇”

栉孔扇贝，俗称干贝蛤，壳表面有标志性的辐射状纹路，壳形状酷似折扇，“扇贝”之名由此得来。扇贝壳色彩缤纷，有浅褐色、紫褐色等，肋纹整齐美观，是制作贝壳工艺品的绝佳材料。栉孔扇贝的两片壳大小几乎一样，左壳比较平坦而右壳略有鼓起，在海底栖息时，通常是左壳在上而右壳在下。同时，两片贝壳的铰合部前、后各有一个耳，栉孔扇贝的右壳前耳有明显的足丝孔和数枚栉状齿。观察活体扇贝时还会有惊奇地发现——贝壳边缘的外套膜上有许多深色的小点，这是扇贝的 100 多只眼睛，虽然这些眼睛只能感受光影的明暗变化，不能分辨物体形状，但也足够帮助栉孔扇贝逃避海星等天敌了。

“懒”在湍流岩礁中

栉孔扇贝大多生活在水流湍急、盐度较高的岩礁或沙砾质海底，主要以海水中的有机碎屑、单细胞藻类和其他小型微生物为食。它们也靠滤食来获取食物。滤食中的扇贝两壳张开，食物随着纤毛的摆动进入口中，颇有些“饭来张口”的感觉。

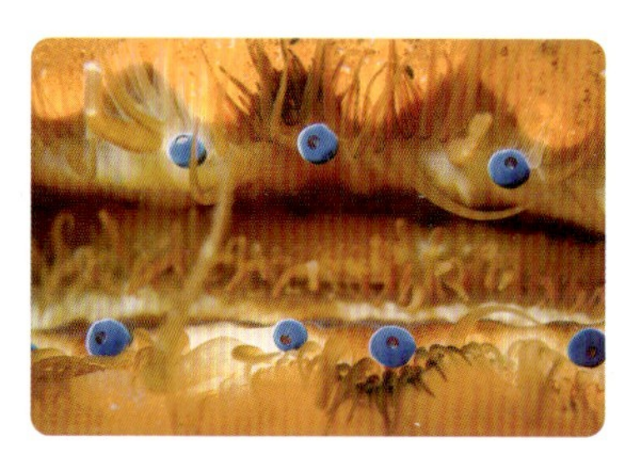

▲ 扇贝的蓝眼睛

栉孔扇贝的繁殖季节与水温密切相关，每年有两个繁殖期，分别为 5～7 月、9～10 月。处于繁殖期的扇贝鲜嫩、肥美，正是食用的好时候，此时到海滨城市，经常能在餐桌上见到它们。

▲ 扇贝美食

资源分布

栉孔扇贝适宜在我国广大海域特别是北方沿海地区养殖，以山东东楮岛和辽宁长山群岛的扇贝最为有名。此外，在日本北海道以南及朝鲜沿海也有分布。

自 20 世纪 90 年代初开始，我国就成为世界上最大的扇贝养殖国。在世界上出产的 60 多种扇贝中，我国约占一半。2006 ～ 2012 年，我国扇贝年产量皆超过世界其他国家产量总和，2012 年总产量已达 142 万吨。

家族成员

除了栉孔扇贝，常食用的扇贝还有海湾扇贝、虾夷扇贝。

海湾扇贝，又称大西洋内湾扇贝，壳表面呈黄褐色，约有 18 条放射肋。它的原产地是美国东海岸，我国于 1982 年开始对其进行人工养殖，现年产量约 8 万吨，主要集中在山东、辽宁等沿海。

▲ 海湾扇贝

◀ 虾夷扇贝

虾夷扇贝，原产于日本和俄罗斯远东沿海，1980 年引入我国，目前已在渤海及黄海北部形成规模化和产业化养殖，近十年来创造了数十亿元的产值，已成为我国北方最重要的海水养殖贝类之一。它是扇贝中个体最大的成员，黄白色的右壳较为突出，左壳稍平，壳表面呈紫褐色，有 15 ～ 20 条放射肋。

牡蛎

己卯冬至前二日，海蛮献蚝。剖之，得数升。肉与浆入水与酒并煮，食之甚美，未始有也。

——苏轼《食蚝》

北宋文豪苏东坡素以“饕餮”闻名，他在海南吃过牡蛎后被其鲜美的滋味所征服。牡蛎不仅深受东方人喜爱，在西方也有“英雄爱吃生蚝”的说法，拿破仑、凯撒大帝无不为牡蛎的美味所倾倒。那么，牡蛎到底是怎样一种令人难以忘怀的美味？

披褐怀玉的隐士

牡蛎，俗称蚝、蚵、海蛎子。牡蛎的壳发达，壳形极不规则，暗灰色的壳表面十分粗糙，上、下两壳形状略有差异，上壳中部隆起，下壳则较大且颇扁，两壳被一条有弹性的韧带紧紧连在一起。不起眼的外壳包裹着滑嫩、鲜美的蚝肉。

▲ 牡蛎

牡蛎因种类不同外形也有所差异。有些牡蛎壳呈长条形，环生鳞片呈波纹状，如长牡蛎；有些牡蛎有着近圆形、卵圆形的壳，鳞片呈同心环状，层层叠叠，如近江牡蛎；还有些牡蛎壳顶端接近三角形，鳞片呈水波状，如大连湾牡蛎。这些牡蛎特征明显，易于区分，还有一些牡蛎的壳形状与周边环境息息相关，海水的温度、盐度变化都有可能改变牡蛎壳的模样，加之其产地复杂，想要对这些牡蛎品种进行鉴定是一件非常困难的事情。所谓“一入蚝门深似海”，说的不仅仅是其味道令人欲罢不能，更是对其繁复形态的一种感叹。

成长历程

牡蛎常固着在浅海海底或海边礁石上，被称为牡蛎床。在我国古代，也把牡蛎床称作“蛎房”。宋代苏颂就曾这样描述蛎房：“（牡蛎）皆附石而生，魂礧相连如房，呼为蛎房。晋安人呼为壕莆。初生止如拳石，四面渐长，有至一二丈者，崭岩如山，俗呼壕山。”牡蛎喜欢把自己安置在其他牡蛎壳上，活得越久，壳越大，就这样层层叠叠地生长着，最终形成巨大的牡蛎礁。

▲ 牡蛎盛宴

亚洲长牡蛎，又称太平洋牡蛎，是我们最常吃的牡蛎品种，在全球范围内广泛分布。一般来说，亚洲长牡蛎产卵时间在夏季，水温 23℃～25℃有利于其产卵，每次产卵量可达 5 亿～10 亿枚。最初的受精卵散布在海水中，成长为幼虫后继续漂浮，幼虫一旦遇到合适的“家”，就会释放出足丝，附着在固着物表面，一生在此居住。若一段时间内没有找到合适的固着物，聪明的幼虫还会延长变态时间继续寻找。

▲ 牡蛎养殖

牡蛎作为滤食性的贝类，以海中的浮游生物为食，用鳃片上的纤毛和触须来吞食海水中的微生物，而那些无法吞食的大颗粒则会被排出去。牡蛎的肉质与其生长海域的海水水质息息相关。有趣的是，牡蛎还分为瓜果味、奶油味、榛果味、海藻味等听起来美妙的味型。蚝农为了调出不同味道的牡蛎，会把它们放入不同的海域。懂行的美食爱好者将牡蛎比作葡萄酒，如品葡萄酒一般食用牡蛎，入口便能品出其产地。

▲ 牡蛎养殖

▲ 牡蛎礁

资源分布

据记载，人类早在公元前就开始食用牡蛎，到 17 世纪时野生牡蛎的数量已大幅衰减。而在我国，早在秦汉时期的《神农本草经》中，就有了对牡蛎的记载。现在的牡蛎以养殖为主，日本、美国、法国以及墨西哥等国均盛产牡蛎。据统计，世界养殖海洋贝类有 44 种，产量最高的就是牡蛎。亚洲长牡蛎作为最常见的种更是分布广泛，日本、韩国、澳大利亚和美国等国沿海都能找到它的身影。

家族成员

牡蛎家族庞大，全球已发现的牡蛎就达 100 多种。这里介绍几种常见的牡蛎品种。

近江牡蛎，对海水的温度变化适应能力较强，分布广泛。近江牡蛎的养殖历史悠久，在我国沿海地区，如广西、广东、福建以及山东等沿海均能发现其身影。其壳随着环境变化而改变，一般呈三角形、卵圆形或长条形。两壳表面环生黄褐色或暗紫色鳞片，随年龄增长而变厚。广西钦州，被称为“中国大蚝之乡”，是我国近江牡蛎产量最高的地方。大蚝指的就是近江牡蛎，是钦州四大名贵海产之一。

▲ 近江牡蛎

熊本牡蛎，原产地为日本，育苗技术传至美国后它们得到大规模养殖，逐渐受到人们的青睐。熊本牡蛎是著名的小型生蚝，壳上有着很深的碗口状凹痕，外形像猫爪一般，口感浓郁。

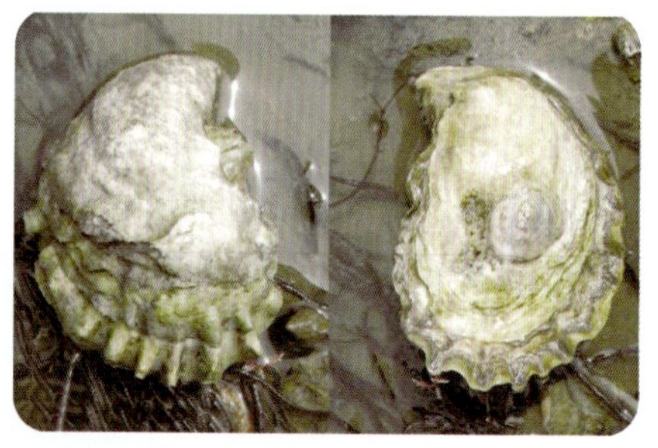

▲ 熊本牡蛎

栉江珧 ▶

栉江珧

栉江珧后闭壳肌大而圆，柔嫩鲜美，干品即为“江珧柱”。魏晋诗人郭璞曾在《江赋》中将“玉珧、海月、土肉、石华”并称为四佳，玉珧指的就是栉江珧。就连宋代的大文豪、美食家苏轼也对它赞不绝口，曾在诗中写道：“扁舟渡江适吴越，三年饮食穷芳鲜。金齑玉脍饭炊雪，海螯江柱初脱泉。”直到今天，江珧柱依然广受人们喜爱。

▲ 栉江珧

形态特征

栉江珧隶属于江珧科，盛产于日本和我国沿海。我国各地叫法不一：北方称作大海红；广东称作割纸刀；福建称作牛角贝；台湾称为牛角江珧蛤；浙江的叫法最朴实，称为海蚌。栉江珧似一把黑褐色的扇子。其幼体壳表面颜色多为白色或浅黄色。壳包裹下的内脏团呈淡红褐色，外裹两片外套膜。

生活习性

栉江珧大多生活在水流平稳的泥沙质海底，以足丝附着于沙中的砾石、碎壳等物体之上，一旦附着则终生不再移动。栉江珧将身体大部分埋在泥沙之中，只露出宽大的后缘，两壳微微张开，外套膜竖起，在海水里悠悠摆动。在海底常见到成片的栉江珧，仿佛一片小石林，十分美丽、壮观。

菲律宾蛤仔

菲律宾蛤仔肉质鲜嫩，甘美可口，深受我国沿海人民喜爱，“吃蛤蜊，喝啤酒，洗海澡”，是青岛人最喜欢做的三件事。我国食用蛤蜊的历史，可追溯到先秦时期。历史上关于蛤蜊食谱的记载不胜枚举，清代《随园食单》中就提到了以蛤蜊为食材的食谱。因最早的蛤蜊标本是在菲律宾海域获得的，由此而得名“菲律宾蛤仔”。

▲ 菲律宾蛤仔

海中“飞鸟”

菲律宾蛤仔，是我国仅有的蛤仔属中两个种之一。在我国南方俗称花蛤，山东称蛤蜊，辽宁称蚬子。在古代，个体较大的蛤称为蜃，小个头的叫作蛤或蛎。在古人心中，蜃和蛤都是由飞鸟化成的，因此有“雀入海为蛤，雉入淮为蜃”的说法。

菲律宾蛤仔有着坚厚的壳，壳顶略有突起。壳表面有细密放射肋，放射肋与生长线交错形成布纹状，壳表面呈白色、灰色或褐色，有的带有褐色斑点。

▲ 将出、入水管伸出的菲律宾蛤仔

▲ 辣炒蛤蜊

泥沙中的穴居者

菲律宾蛤仔常栖息于风浪较小的潮间带泥沙滩涂或潮下带的泥沙底中。在我国海域皆有分布。菲律宾蛤仔对海水温度和盐度的适应能力强，容易成活，甚至在通往海边的城市排水口附近海域都可以看到它们的身影。

菲律宾蛤仔发达的斧足是挖掘泥沙的得力工具。挖好洞穴后，菲律宾蛤仔便将身体埋在泥沙中过着穴居生活。只有在涨潮时，它才将出、入水管探出滩面，呼吸空气、滤食食物等。菲律宾蛤仔的繁殖期依地理区域不同而不同。在水温 20℃ ～ 25℃产卵，精、卵成熟后分批排放，在水中受精。菲律宾蛤仔可二次产卵。受精卵孵化后变为浮游幼虫，发育持续 2 ～ 4 周之后，分泌足丝附着在小鹅卵石或贝壳上，待自身壳长成后，潜入泥沙中生活。

资源分布

菲律宾蛤仔广泛分布在日本、朝鲜、韩国、中国、菲律宾、俄罗斯等国沿海，是我国主要的滩涂贝类养殖品种。它们生长迅速，养殖周期短，且离水存活时间长，适合大量养殖，与缢蛏、牡蛎和泥蚶并称为我国四大养殖贝类。目前世界上产出的菲律宾蛤仔中，绝大部分来自于养殖，且大多产自我国。

▲ 文蛤

它的亲戚

文蛤，又名花蛤，形似三角的两壳大小相等，壳表面光滑，有同心生长轮，壳表面颜色与生活环境有关，内面则为瓷白色。它们常栖息在河口附近的细沙海滩中。文蛤分布广泛，在日本、韩国、朝鲜和我国沿海均可见其身影，养殖产量可观。文蛤拥有鲜美的味道和细腻的肉质，是唐代的海珍贡品，清乾隆皇帝曾御封其为“天下第一鲜”。

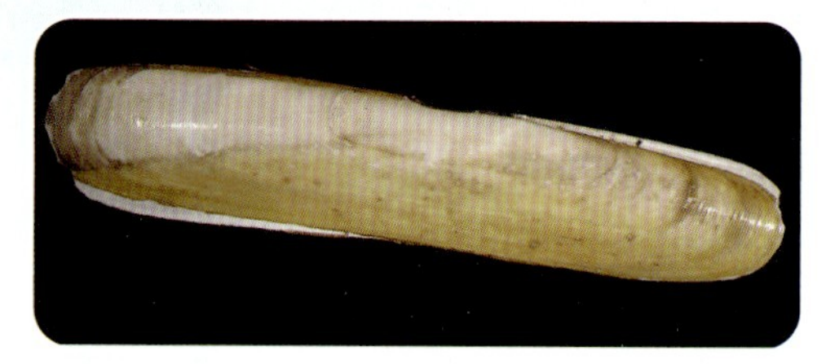

▲ 缢蛏

缢蛏

缢蛏是滨海城市夏季不可或缺的一道美味，它风味独特，将其煮汤、红烧用以佐酒，其鲜美滋味令人难忘。古人总是喜欢把美食与美人联系在一起，缢蛏优美的外形引发人们的遐想，所以它又有“美人蛏”“西施舌”之称。曾有诗赞道：“沙蜻四寸尾掉黄，风味由来压邵洋；麦穗花开三月半，美人种子市蛏秧。”每年麦子开花，正是吃蛏子的时节。

滩涂里的海指甲

说起缢蛏，似乎不如“蛏子”这个名字耳熟。《宁海县志》中说它“形狭而长如中指”，有些地方称它为“海指甲”，狭而长、薄而脆的蛏壳，可不就像大海里长长的指甲？缢蛏壳上有一道斜沟，仿佛曾被绳索重重地勒过一样，因而人们称它为“缢蛏”。

缢蛏有出、入两根水管，是它与滩涂上的海水保持联系的唯一通道，从入水管吸进新鲜海水，从出水管排出含废弃物的水。缢蛏在软泥滩里过着穴居生活。如果在海滩上看到相距不远的两个小孔，用长钩轻触还能喷出少量海水来，那就是缢蛏（或其他贝类）的水管伸出处，有经验的渔民甚至可以从两个小孔之间的距离推断其大小。

▼ 喷水的缢蛏

▲ 大竹蛏

知足常乐

缢蛏常栖息于河口附近或有少量淡水注入的浅海内湾的软泥沙中。缢蛏对气候条件的要求不算太高，南方气温高，缢蛏发育快，成熟早；北方气温低，缢蛏长得就慢些。缢蛏滤食硅藻、有机碎屑、泥沙颗粒等，因此煮食缢蛏前需放养于含少量盐分的清水中，等泥沙吐尽后方可食用。

缢蛏属于雌雄异体的贝类，但从外观上难以区分雌雄。繁殖季节因地而异，北方比南方早。辽宁沿海的缢蛏在 6 月下旬繁殖；在山东繁殖期为 8～9月；浙江和福建繁殖盛期始于 10 月。

资源分布

我国是缢蛏的主要出产国，日本和泰国等也有缢蛏分布。作为我国的四大养殖贝类之一，缢蛏在南北沿海均有产出，闽浙一带沿海是我国缢蛏养殖的主要地区。缢蛏好吃与否，与产地的水质、泥质和海水盐度有关，不同海区的缢蛏吃起来会有不同的风味。浙江宁海的三门湾泥滩，常年有淡水注入，自然条件得天独厚，素有“蛏子之乡”之称。

它的亲戚

大竹蛏，顾名思义，其壳呈竹筒状，长约 12 厘米，颜色以黄褐色为主，壳质脆薄，表面光滑，生长线明显，广泛分布在我国沿海。《本草纲目》中记载：“竹蛏能补虚，去除胸中烦闷，治疗妇女产后虚损。”

总角截蛏，又称歧纹毛蛏，壳质虽薄但很坚硬，壳表面呈黄色，壳内面呈粉红色。水管粗长，收缩后不能缩入壳中。总角截蛏喜欢生活在温暖水域中，主要分布在西太平洋。

▲ 总角截蛏

◀ 挖象拔蚌

象拔蚌

象拔蚌的主要产地是北美沿海地区，当地人最初并没有发现它的食用价值，直到 20 世纪 70 年代初，我国香港的一位商人到加拿大温哥华接手其父经营的一家海产品公司。一天，他在捕捞的海产品中发现了一个长着大鼻子的蚌，便将其切成薄片，切好的蚌肉每一片边缘都呈波浪状，一口咬下去竟弹脆爽口，还带着特有的甘甜“海味”，于是他决定对其进行商业推广。从此，这个相貌奇特却十分美味的“大鼻子”蚌迅速在美食圈走红。

▼ 象拔蚌虹吸管切片

海中“象鼻”

人们常吃的象拔蚌为太平洋潜泥蛤，又被称为太平洋巨蚌、加拿大象拔蚌等。象拔蚌有两个大小相等的近长方形壳，壳表面长有波纹同心刻纹。象拔蚌的寿命很长，可达 100 年以上。象拔蚌壳上的刻纹有能够判断出其年龄的纹路，和树年轮的形成原理相似。壳外有一根巨大的虹吸管，外形酷似象鼻，分为入水管和出水管，由于太大，虹吸管不能缩入壳内。

象拔蚌喜欢栖息在泥沙底质海底，聪明的它通常将自己深藏洞中，仅伸出虹吸管来摄食。富含溶解氧、浮游藻类和有机碎屑的海水会通过入水管进入栉鳃，在长有纤毛的栉鳃中完成食物颗粒过滤与气体交换，消化管消化后的食物残渣经出水管排出。

▲ 象拔蚌虹吸管

▲ 象拔蚌幼体

▲ 日本象拔蚌

幼年的象拔蚌虹吸管很短，但有大而发达的足。幼蚌在潜沙时，其足部会先钻入泥沙中，确定好潜沙方向后，幼蚌用虹吸管吸入海水，然后将海水从足孔处喷出，以打松足底的泥沙，足部就可以再往下钻一点，周而复始，幼蚌越钻越深，离危险也越来越远。但也有运气不佳的幼蚌，在潜沙时没选好地点，钻着钻着就遇到坚硬的底质，既不能继续下潜，又不能挪窝，很容易被海星等天敌捕食。成年象拔蚌的足部高度退化，它一旦潜入穴中，终生不能再移动，在遇到外界刺激时，只需要将虹吸管缩回洞穴中即可。成年象拔蚌的死亡主要来自商业捕捞，一旦被挖出来，象拔蚌无法再次潜沙，便不能存活。

资源分布

北美洲太平洋沿岸是象拔蚌的主产地，20 世纪 70 年代中期，随着象拔蚌商业捕捞活动的陆续展开，其种群数量快速减少。为保护野生象拔蚌，加拿大于1979年年末对其的捕捞开始实施配额管理。

与此同时，国外科学家开始探索象拔蚌的人工养殖技术，华盛顿渔业部门总结了相关研究成果，建立起象拔蚌的基本养殖技术体系。我国海洋科技工作者于1998年引进种蚌，并分别采用网筐护养、海底播养和塑料管护养等方法进行人工养殖实验。

家族成员

市场上除了太平洋潜泥蛤，食用较多的象拔蚌还有球形海神蛤与日本海神蛤。

球形海神蛤，又称为墨西哥水蚌，主要分布在加利福尼亚湾。它的个体较小，虹吸管较短，肉质也不如北美所产象拔蚌紧实。

日本海神蛤，又称为朝鲜象拔蚌，因其主要分布在朝鲜半岛与日本沿海而得名，在日本常用于制作寿司。

鲍鱼

▲ 美丽的鲍鱼

鲍鱼在古代被称为“鳆鱼”，《鳆鱼行》如此描述它：“壳含九孔或名螺，曰石决明有同科。小或如钱大如掌，半蚌应月形偏颇。”鲍鱼位于四大海味之首，其名贵程度不言而喻，欧洲人更是称其为“餐桌上的软黄金”，素有“一口鲍鱼一口金”之说。

美丽的“镜面鱼”

鲍鱼又有“镜面鱼”之称。质地坚硬的石灰质壳向右外旋，好似人耳。壳内面紫色、绿色、白色等颜色交织，真是一件浑然天成的海洋艺术品，诗中言其“千光星”。壳上的孔数随种类的不同而有所差异。可别小瞧了这几个孔，它们负责着鲍鱼呼吸、排泄和生殖等重要生命活动。我国古代称鲍鱼为“九孔螺”，就是从这种特征而来的。

大多数人会认为鲍鱼的构造与普通螺相差无几，值得注意的是，鲍鱼虽小，“五脏俱全”，在鲍鱼的头部长着一双极小的眼睛，不仅如此，鲍鱼还有口腔和舌齿。肥厚的腹足部分为上、下两部分。上足的触角和“小丘”，负责感知外界环境；而较为平坦的下足则用来附着和爬行。它们爬行的速度可达每分钟 50 厘米。鲍鱼不怕风吹浪打，就得益于其腹足部惊人的附着力。可食部分重量占鲍鱼的大约 1/3，主要是腹足部的肌肉，内脏和壳重量各占鲍鱼的 1/3。

挑剔的鲍鱼

身份尊贵的鲍鱼对环境有着很高的要求，它们会选择水质良好、食物充足的近海沿岸地带栖息。鲍鱼习惯昼伏夜出，晚上 10 点至凌晨 3 点是它们最活跃的时间段。

鲍鱼的栖息之所并不是固定的，它们会随着季节的变化而移动。冬季水温低时，鲍鱼会迁移到深水区；而夏季水温升高之时，鲍鱼又回到近岸浅水区，开始它们的繁殖活动。此时的鲍鱼肉足丰厚，鲜嫩肥美，是享用的最佳时节。

资源分布

从热带到寒带，鲍鱼皆有分布，日本北部、北美洲西岸、南美洲、南非、澳大利亚、我国东北部等附近海域都能见到。近十年来，由于病害频繁发生和过度捕捞，鲍鱼捕捞产量下降了约 30%。很多国家早就着手对鲍鱼进行人工养殖，但鲍鱼很“娇气”，稍有不慎就会“全军覆没”。2003～2013 年，我国鲍鱼养殖产量一直稳居世界第一，其中，我国 2013 年养殖总产量为 11 万吨，韩国位居第二。

▲ 鲍鱼腹面

美丽的鲍鱼壳 ▼

家族成员

我国北方沿海产有皱纹盘鲍，黄渤海如辽宁大连、山东长岛等附近海域，都是它的产地。南方沿海如在台湾北海岸及东北角沿海等常见有杂色鲍。

皱纹盘鲍，壳为长椭圆形，最大壳长可达 14 厘米。壳表面呈深绿褐色，长有粗糙不规则的皱纹，呼吸孔高而突出，有 3～5 个。壳内面泛着银白色的珍珠光泽。皱纹盘鲍大多分布在日本、朝鲜半岛和我国北部沿海。

澳大利亚是全世界鲍鱼产量最多的国家，塔斯马尼亚州鲍鱼的年产量约占世界鲍鱼年产量的 25%，主要出产青唇鲍和黑唇鲍。

青唇鲍，唇边为绿色。在捕获它们之后通常要立即速冻，保存其刺身级的口感。

黑唇鲍，唇边为棕色。产量较少，个头偏大，以干制品居多。

▲ 皱纹盘鲍

▲ 黑唇鲍

▲ 青唇鲍

红鲍，最大壳长可达 28 厘米，是最大的鲍鱼品种。红鲍生长迅速，壳质地坚厚且粗糙，波浪状的壳表面呈粉色或暗红色，有 3 ～ 5 个呼吸孔。红鲍大多分布在美国加州一带。

白鲍，属于高度濒危物种，1996 年以后已禁止商业和娱乐性捕获。分布于美国加利福尼亚州和墨西哥沿海。

黑金鲍，因其个大量多，已成为市场上最为常见的鲍鱼品种。它是新西兰的特产。

蓝边鲍，壳表面呈精美的蓝色，表面没有杂质和其他贝壳吸附，极为稀有，又因其壳薄肉多，适合做刺身，是餐饮界的高档食材之一。产于新西兰深海。

▲ 红鲍

▲ 黑金鲍

▲ 蓝边鲍

▲ 白鲍

脉红螺

脉红螺，也被称作红螺和红皱岩螺，俗称“海螺”，其壳表面大多为黄褐色或者棕红色。脉红螺是大型肉食性贝类，偏爱摄食小型贝类，一旦遇到猎物，便用肥大的足部将猎物包裹住使其窒息，随后用消化液将贝肉消化成胶质体，然后吸食。脉红螺的足部肥嫩美味，除鲜食外还可加工成罐头、干制品及冷冻调理食品。利用其棕红色贝壳制作的工艺品，很受人们欢迎。

脉红螺主要分布在我国黄渤海，在日本、朝鲜半岛以及俄罗斯沿海均有分布。生活在青岛沿海的脉红螺一般在6～8月产卵，卵囊十分有趣，像丝丝伸展的菊花瓣，被渔民形象地称作“海菊花”。

▲ 脉红螺及“海菊花”

脉红螺 ▼

泥螺

明万历“温州府志”记载：“吐铁一名泥螺，俗名泥蛳，岁时衔以沙，沙黑似铁至桃花时铁始吐尽。”清代潘朗著有《梅村竹枝词 · 吐铁》：“树头月出炊香饭，郎提桃花吐铁来。”泥螺粒大脂丰，螺肉脆嫩鲜美，吃法多样，鲜食、煲粥、盐腌、酒渍都是不错的选择，“八珍冷盘”又怎么能缺了它？

泥螺卵圆形的壳较薄，白色的壳表面上长有黄褐色壳皮，细密的螺旋沟遍布其上；其壳较小不能完全包住身体，腹足两侧的边缘露出壳外。泥螺喜欢用头盘将泥沙掘起，与身体上的黏液混合后，包在体表，仿佛一团凸起的沙包。

泥螺分布较广，主要栖息在西太平洋沿岸。我国沿海也有其身影，其中以东海和黄海产量最高。它们大多潜伏于沿海滩涂泥沙表层。退潮后用齿舌舔食滩涂表面的硅藻类、有机碎屑、小型甲壳类幼虫等。

泥螺 ►

▲ 泥螺

▲ 章鱼

头足类

头足类属于软体动物门、头足纲，是较高等的海洋软体动物，现有鹦鹉螺亚纲和鞘亚纲两类。鹦鹉螺亚纲的主要代表是有“活化石”之称的鹦鹉螺，而乌贼、章鱼和鱿鱼均属于鞘亚纲。鞘亚纲动物的身体可分为头部、腕足部和胴部。鹦鹉螺具有外壳，乌贼和鱿鱼具有内壳，而章鱼的内壳已经退化了。乌贼、鱿鱼和章鱼的外形相似，但三者的胴部——外套膜形态各异：章鱼的是卵状，乌贼的是袋状，而鱿鱼的是锥状。三者的腕足部也大不相同，章鱼属于八腕目，有八条相对较长的腕；而乌贼和鱿鱼同属于十腕目，有十条腕。这样看就很好区分了。

在海洋食物链中，头足类动物位于中层，具有承上启下的作用，其数量变化对各级海洋生物有着举足轻重的影响。头足类动物不挑食，鱼类、甲壳类、多毛类和贝类等都在它们的食谱中，它们甚至还有噬食同类的习性。由于群体密集、胴体柔软，头足类也成为海洋肉食性鱼类、甲壳类及哺乳类的捕食对象。

头足类动物种类繁多、生长迅速、资源恢复力强；其肉质鲜嫩、营养丰富，深受消费者喜爱，是世界海洋渔业中的重要捕捞对象。目前从事头足类捕捞的国家和地区有 30 多个，其中以中国、日本、韩国、阿根廷和泰国等为主。但是人类对头足类资源的开发利用并不均衡，目前已大量开发的多是生活在大陆架的种类或者是在近海洄游的大洋性种类，而对一些深水区的头足类资源开发不足。

▲ 头足类

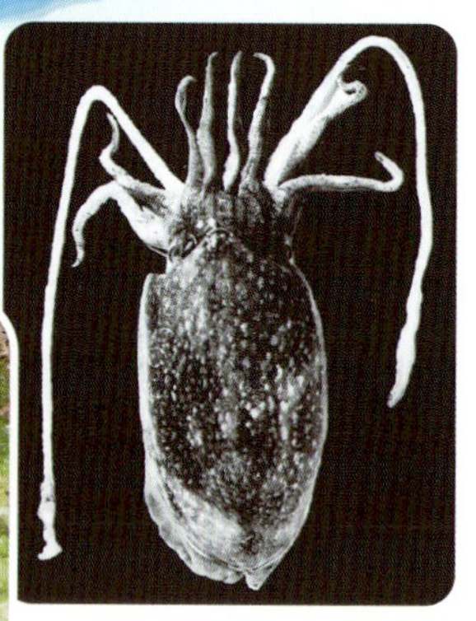

▲ 曼氏无针乌贼

乌贼

▲ 曼氏无针乌贼的卵

梅尧臣有《乌贼鱼》一诗："海若有丑鱼，乌图有乌贼。腹膏为饭囊，鬲冒贮饮墨。出没上下波，厌饫吴越食。烂肠来雕蚶，随贡入中国。中国舍肥羊，啖此亦不惑。"可见乌贼是吴越人钟情的佳肴。乌贼晒干所制的乌贼干亦称为墨鱼鲞、明府鲞，是宁波著名的特色美食。我国东海曾经盛产乌贼，其中最常见的是曼氏无针乌贼。

形态特征

曼氏无针乌贼，又称墨鱼、麻乌贼、花拉子，有十条腕，由八条短的无柄腕和两条细长的触腕组成，这些腕左右对称排列。它的背部具有近椭圆形白色花斑，雄性白色花斑较大，间杂有小花斑；而雌性白色花斑较小，花斑大小相近。曼氏无针乌贼胴腹后端具有一个皮脂腺性质的腺孔，生殖时有红色液体流出，因此也被称为血墨。产在海藻或珊瑚上的乌贼卵，好似一串串葡萄。

在乌贼体内背侧，藏着一块大的石灰质"骨骼"，这是乌贼外壳的遗留，也被称为"内壳"，传统中药"海螵蛸"即是干燥后的乌贼内壳。内壳疏松多孔，便于乌贼悬浮在水中。曼氏无针乌贼的内壳后端不具有骨针。

▼ 喷射墨汁的乌贼

▲ 海螵蛸

喷射墨汁的乌贼

乌贼的"乌"字，体现出其最重要的特征——腹中有墨汁。事实上，大部分头足类动物体内都藏有墨囊，遭遇敌害时就会喷出墨汁。不过乌贼的墨囊比较发达，一次可以喷出大量墨汁，让敌害瞬间被黑雾笼罩，为乌贼赢得足够长的逃亡时间。乌贼墨中含有多种有机物，同时含有铁、锌、锶等微量元素，具有较好的生物活性。此外，乌贼墨作为颜料的应用历史悠久，可追溯至希腊罗马时代。《海底两万里》中的主人公就用乌贼墨写字，但时间一久乌贼墨会分解褪色。

▲ 虎斑乌贼

▲ 金乌贼

资源分布

曼氏无针乌贼的分布十分广泛，最北可达日本海，最南可到马来西亚群岛海域。曼氏无针乌贼是我国重要的经济种，曾是舟山渔场四大海产之一。由于对资源的过度开发，20 世纪 80 年代中后期浙江沿海曼氏无针乌贼已经难以形成渔汛。经过水产科技人员对相关繁育技术的探索研究，近年来其资源有所恢复。

家族成员

乌贼家族种类繁多，除曼氏无针乌贼外，作为食材开发利用较多的还有虎斑乌贼、金乌贼等。

虎斑乌贼，也称为花旗、花西、墨姆。雄性胴体背面与腕足部背面均布满虎斑状的横条斑纹，虎斑乌贼也因此而得名；而雌性胴体背面的虎斑条纹则相对稀疏，胴体背部外缘有较明显的斑点。其内壳后端也具有粗壮的骨针。虎斑乌贼主要分布于我国东海南部和南海。

金乌贼，又称为乌鱼、墨鱼和乌子等。通体金色，胴部呈盾形。雄性胴体背部具有较粗的横条斑纹，细点斑紧密分布；雌性胴体背部的条状斑纹并不明显。金乌贼的内壳后端具有粗壮的骨针。说起日本海域中产量最大的、我国北方海域中经济价值最大的乌贼，非金乌贼莫属。

乌贼捕食 ▶

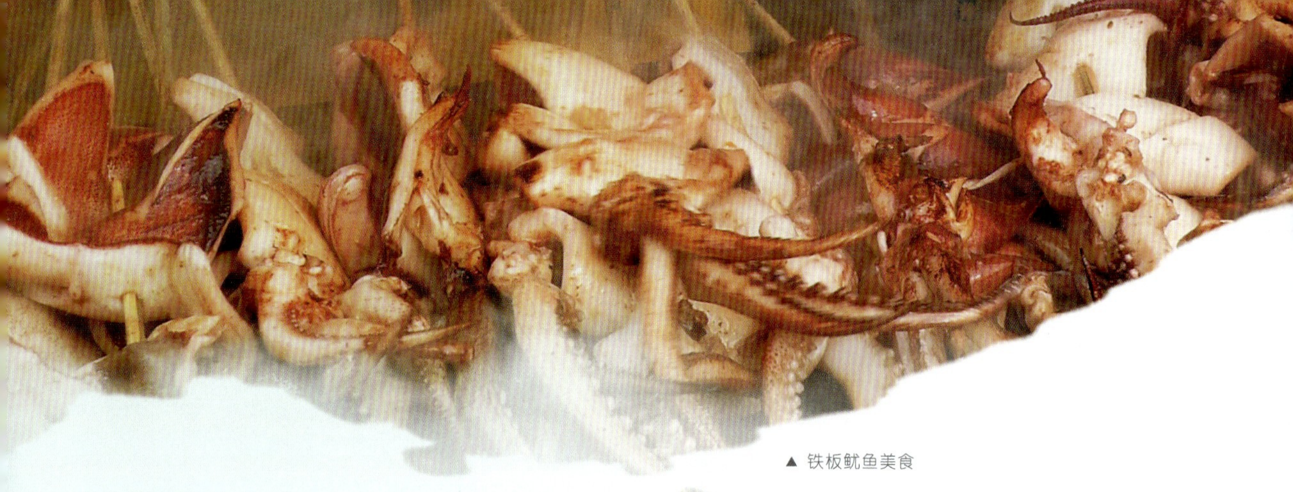

▲ 铁板鱿鱼美食

鱿鱼

在我国，一个人若被解雇，常被称为“炒鱿鱼”，看似毫无关系的二者是怎么扯上关系的呢？原来被爆炒的鱿鱼会慢慢卷成筒状，由此人们将其引申为“卷铺盖走人”。尽管“炒鱿鱼”这个词不太讨人喜欢，但是“炒鱿鱼”这道菜却很受欢迎。此外，酱红诱人、散发着烧烤烟火和海鲜气息的铁板鱿鱼也是夜市小吃最受欢迎的主角之一。

形态特征

“鱿鱼”这个词不是一个科学上的界定。人们常吃的鱿鱼属于十腕总目、枪形目，包括枪乌贼科、柔鱼科及菱鳍乌贼科等科的成员。一般来说，鱿鱼的肉鳍较短，位于胴部两侧，不仅能够平衡身体，也可以起到“船桨”的作用。十条腕中特化出两条细长而发达的触腕，用于攫捕猎物，其余八条无柄腕则用于抓持和输送物体。鱿鱼吸盘列数较少，无柄腕有 2 列吸盘，触腕上长有一个梭状长柄，称为触腕穗，触腕穗有 4 列吸盘。乌贼的内壳为石灰质，枪乌贼的内壳为角质薄片，柔鱼的内壳则更不发达。

在我国近海开发较多的是中国尾枪乌贼，也称为中国枪乌贼。其体表具有大小相间的近圆形色素斑，背部皮肤具有大量色素细胞，可迅速改变背部颜色来伪装自己。中国尾枪乌贼在直肠两侧各具一个纺锤形发光器。

▲ 中国尾枪乌贼

▲ 尾枪乌贼的发光器

同类相残

中国尾枪乌贼有同类相残的习性，在其胃中经常可见同类的断腕和残体。同其他小型头足类一样，它的寿命较短，繁殖期后不久便会死去，残留的角质内壳堆积在海底，成为其“墓场”的标志。其卵子被包裹在棒状的胶质卵鞘中，卵鞘常多束附在一起，形成菊花状或云朵状铺在海底。刚孵化出的小中国尾枪乌贼就具备了喷水前进和以腕捕食的能力。

资源分布

中国尾枪乌贼资源量大，渔民大多利用其趋光性进行饵钓，主要分布在我国东海至南海，日本、泰国暹罗湾、马来群岛、澳大利亚东北部至新南威尔士附近海域。我国近海中国尾枪乌贼的渔获量受环境因素和种群适应性的影响波动剧烈；近年来使用拖网过度捕捞破坏了其卵鞘，对资源损害很大。

鱿鱼发光的秘密

头足类的许多种类具有发光器，发光器按照发光机理可分为本体发光器和腺体发光器。其中，本体发光器位于体表、眼周、腕端等，通常是生物体中的荧光素与三磷酸腺苷所形成的放射性复合物，在镁离子、氧气与荧光酶的参与下发出冷光。而腺体发光器大多位于墨囊、鳃、肠等内脏器官附近，主要由共生发光细菌进行发光。头足类发光是为了照明、求偶、捕食及迷惑、警告捕食者。在鱿鱼大家族中，枪乌贼科中仅尾枪乌贼属成员在肠两侧具有1对发光器；柔鱼科中的某些种类具有皮下发光器、内脏发光器和眼球发光器。

▲ 鱿鱼美食

家族成员

鱿鱼家族成员众多，市场上较常见的枪乌贼有日本枪乌贼、剑尖枪乌贼和乳光枪乌贼等；较常见的柔鱼有茎柔鱼、太平洋褶柔鱼和阿根廷滑柔鱼。

日本枪乌贼，也被称为笔管、子乌、墨鱼仔、句公等。日本枪乌贼体型较小，体表的近圆形色素斑相间分布，角质内壳呈披针叶形，主要分布在我国渤海、黄海、东海，以及日本列岛海域。日本枪乌贼肉质鲜嫩，深受消费者欢迎。

乳光枪乌贼，体表具有大小相间的色素斑，肉鳍较短，主要分布在加利福尼亚半岛和温哥华岛等附近海域。

茎柔鱼，俗称美洲大鱿鱼、秘鲁鱿鱼，体型较大，体长一般为 50 ～ 80 厘米，在秘鲁和智利沿岸及外海资源丰富。茎柔鱼是东太平洋最重要的经济头足类，年渔获量达 100 万吨以上。

太平洋褶柔鱼，俗称日本鱿鱼、北鱿等，其胴背中央有一条明显的黑褐色宽带，广泛分布在西北太平洋和东太平洋的阿拉斯加湾，集中分布于日本海及我国渤海、黄海。

▲ 日本枪乌贼

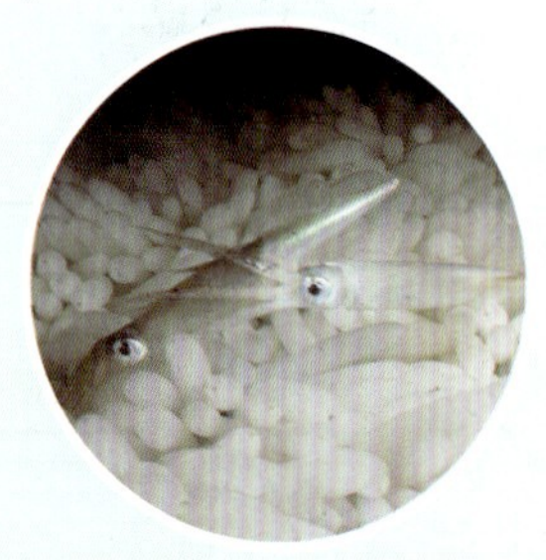

▲ 乳光枪乌贼

▲ 茎柔鱼

▲ 太平洋褶柔鱼

▲ 藏在罐子里的章鱼

章鱼

动画片《海绵宝宝》中那只高冷却热爱艺术的章鱼哥让人印象深刻，与海绵宝宝和派大星相比，章鱼哥要聪明得多。现实世界里，论智商，章鱼也是海洋动物中的佼佼者，它们掌握强大的拟态伪装术，懂得舍“腕”保身。

柔术大师

章鱼是蛸类的俗称，因其有八条腕又被称为八爪鱼，在我国古代被称作章举、望潮、石拒等。章鱼种类繁多，不同种类的章鱼形态不同，腕长也相差甚远。它没有肉鳍，内壳也已退化，这使得章鱼具有很强的缩体能力，常藏身于海底的瓶瓶罐罐之中。

章鱼护卵 ▶

◀ 卵与幼体

母爱如海

雄章鱼右侧的生殖腕有着特殊的作用，能将精包送入雌章鱼的外套膜内。雌章鱼一次怀卵量高达 10 万～ 15 万粒，卵子分批成熟后产出，细长的卵柄缠绕在一起形成卵穗，形似一串葡萄。雌章鱼的护卵行为令人动容。它常常以腕轻柔地抚摸着这些卵子，并用喷水的方式清除卵上的浮泥，搅动水流为卵增氧。雌章鱼在长达一个月的时间内不离开卵，因此无法捕食，待小章鱼孵出后，雌章鱼会因护卵期间的长期未进食而死亡。

资源分布

真蛸作为章鱼中经济价值较大的一种，其资源量较大，20 世纪六七十年代年渔获量突破 10 万吨，近年来渔获量约在 4 万吨。真蛸广泛分布在温带、热带海域，在我国分布于东海、南海。真蛸渔场主要有西北非渔场、地中海渔场及日本濑户内海渔场等。

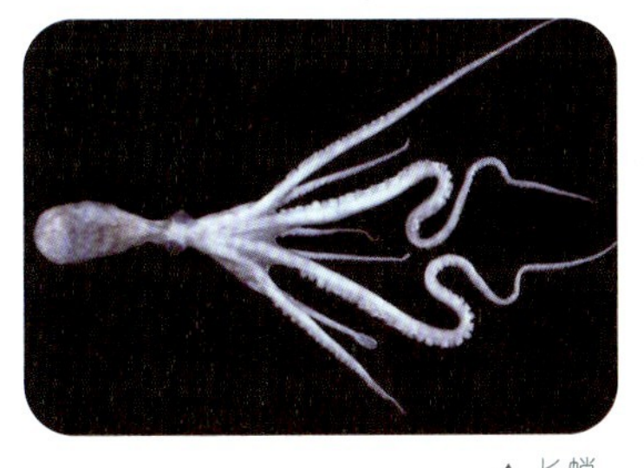

▲ 长蛸

▲ 真蛸

▲ 短蛸

家族成员

章鱼家族成员繁多，除了真蛸外，短蛸、长蛸、水蛸和沟蛸等也常作为食材出现在餐桌上。

短蛸，俗称短爪章、八带、小蛸和饭蛸等。其胴部呈卵形，皮肤表面有近圆形颗粒。辨识短蛸很容易，在它的第二与第三对腕之间长有金色的椭圆形圈，纺锤形斑则分布在背面两眼之间。短蛸主要分布在日本濑户内海、朝鲜半岛西海岸和我国黄渤海。青岛当地渔民利用短蛸爱钻洞的习性，常使用红螺壳捕捉短蛸，通常一根绳上拴200～300个红螺壳，每船下绳20～30根，隔夜即可钓出短蛸。此外，在日本还会用陶土烧制的蛸壶等捕捉短蛸。干制后的短蛸又名“八蛸干”，是受人喜爱的海洋特产。

长蛸，俗称马蛸、长腿蛸、章拒和长爪章等。与短蛸不同，长蛸的胴部呈长卵形，体表更光滑，只有细小的色素斑点。长蛸腕长为胴长的7～8倍。主要分布于我国沿海及日本列岛沿海，是小型渔业捕捞对象，但是其肉质较硬，常被制成章鱼干，也多用作其他鱼类的钓饵。

拟态章鱼模拟狮子鱼

拟态章鱼模拟比目鱼

狮子鱼

比目鱼

▲ 拟态章鱼的伪装技能

章鱼的N个超凡技能

伪装大师：章鱼、乌贼和部分鱿鱼都擅长变色伪装，通过色素细胞迅速改变体表颜色来伪装自己、迷惑对手。其中拟态章鱼的伪装技能更高。它们能够改变体色、姿态和皮肤结构模拟至少 15 种动物，包括海蛇、比目鱼、螳螂虾、狮子鱼、巨蟹、海葵、海蜇及刺魟等。

三心：章鱼拥有两个经由鳃中的血管来输送血液的鳃心，同时拥有一个经由身体其他部分输送血液的单一系统的心脏。

不完全由大脑控制的腕足：章鱼的大脑只有全身 40% 的神经元，其余 60% 的神经元分布在八条腕中。因此章鱼的大脑只需要对其腕下达一个抽象的命令，其腕即可自行判断如何完成任务，而不需要由大脑去控制每一个行动的细节。

神奇吸盘：章鱼每条腕上均有两列神奇的吸盘，不仅能“尝”出海水的味道，还可以独立移动和抓握物体。可别小瞧了这些小小的吸盘，一旦被它吸住便很难脱身，其吸盘能够利用顶端的空腔与柔软的侧边来制造压力差，形成密闭的真空。章鱼的吸盘还能够“自我识别”，不会吸附在自己身上，参与“自我识别”的化合物可能存在于章鱼皮肤，但是其具体作用方式目前尚未阐明。

高智商：小章鱼在很短的时间内就能通过独自探索，学会捕食、伪装、避敌等基本生存技能。

海洋藻类

MARINE ALGAE

海洋藻类

MARINE ALGAE

茫茫大海中有这样一个类别，它们虽简单古老，却物种繁多、分布广泛，它们就是低等孢子植物——藻类。藻类出现于10亿年前，是地球上最早的生物形式。作为初级生产者，藻类通过光合作用生产有机物、释放氧气，并通过海洋食物链为各级动物提供能源，进而维持着海洋生物物种的多样性和海洋生态系统的稳定性。

全世界定生海洋藻类物种大约有4 500种，常见的经济藻类有褐藻、红藻、绿藻、蓝藻等，例如，海带、紫菜、裙带菜、羊栖菜等。海藻营养丰富，富含海藻多糖、岩藻黄素等多种生物活性物质，其微量元素含量丰富，尤其是碘的含量非常高，有“微量元素宝库”之称。

海藻除了具有很高的营养价值外，在生态保护、开发海洋药物及生物能源等诸多领域也发挥着日益重要的作用，体现了巨大的应用潜力和极高的经济价值。

▲ 海带

▲ 海带

海带

“我真想见见海的女儿，但每次都没找着。今天总算不坏，捞到她的飘带。”一首名为《海带》的童诗将海带比喻成海的女儿的飘带，赋予了人们无限的遐想。我国原不产海带，而是1927年从日本引入的。

橄榄色“波浪”

全世界海带有50余种，我国目前仅有一种。新鲜海带通体呈橄榄色，经干燥加工后变为褐色。神奇的是，作为植物的它既没有茎，也没有枝，通体由叶片、柄部和固着器三部分组成。叶片边缘，呈波浪褶状。海带叶片似一条长长的带子，也仿佛是橄榄色的波浪，最长可达20米。海带的固着器并不吸收养料，只是负责固着在海底或其他附着物上。

▲ 海带固着器

▲ 海带养殖场

▲ 海带收获

▲ 海带晾晒

成长历程

根据形态的不同，海带的生活史可分为大型孢子体世代和微型配子体世代。在自然条件下，成熟的孢子体叶片表面会不规则地分布着突起的孢子囊。孢子囊母细胞经过减数分裂和连续的有丝分裂后产生游孢子。游孢子发育成熟后，由孢子囊顶部的裂口释放出来。离开孢子囊的游孢子在游动数小时后就会附着到合适的基质上，萌发成雌、雄配子体。在合适的发育条件下，雌、雄配子体各自发育形成卵囊和精子囊。成熟的卵从卵囊排出后停留在卵囊顶端，伴随着卵的排出，精子被释放，二者结合后形成受精卵。受精卵进行有丝分裂，萌发形成叶状的孢子体，也就是我们常见的叶状体海带。

海带的生长发育主要依靠叶片，厚厚的叶片不仅是海带进行光合作用的主体，还能吸收海水中的营养成分。

资源分布

海带为冷水性大型经济藻类，喜欢生长在 1℃ ～ 13℃的水域中，主要分布在北太平洋与大西洋，尤以日本北海道沿海分布最多。我国最先在大连引入海带养殖，繁育技术的进步推动了养殖业的发展。

何为上好的干海带

干海带质量如何，不用入口，掌握下面几点就能轻松判别。首先，好的干海带通常附着一层由海带所含的碘和甘露醇凝结而成的白霜；其次，品质上乘的海带叶体宽厚、颜色浓绿或紫中微黄；另外，经加工捆绑后，优质的海带没有泥沙杂质，摸上去手感不黏滞。

▲ 裙带菜

裙带菜

▲“海介菜耳”

裙带菜的食用历史十分悠久，我国宋代的《嘉祐本草》上就将其称为“莙荙菜”，与今天“裙带菜”的发音十分相似，加工方法分淡干和咸干，其中“淡干裙带菜”是古代中国沿海地区流传下来的加工方法。

形态特征

褐色的裙带菜随海流缓缓舞动，犹如少女的裙摆。藻体分叶片、柄部和固着器三部分，幼小时仿佛片片树叶，长大后叶片边缘呈羽状分裂。藻体成熟时柄部边缘形成许多重叠、褶皱的孢子叶，形态与人们所熟悉的木耳大体相似，俗称“海介菜耳”“耳朵”。整个藻体好像一片破掉的芭蕉叶，柄部（中肋）隆起，叶面上还有许多黑色小斑点。

成长历程

裙带菜是一年生植物，依靠孢子叶繁殖后代。藻体成熟时，长在大孢子体（叶状体）基部的孢子叶表面会形成孢子囊群，从中放出长有两根像胡须一样鞭毛的游孢子，进入有性世代；游孢子能萌发成雌、雄配子体，分别产生卵子和精子，卵子受精形成合子，进入无性世代，长成孢子体，再经过近一年的生长就成为裙带菜了。

资源分布

裙带菜是西北太平洋特有的暖温带大型经济海藻，喜欢生长在风浪较大的低潮带岩石上。我国大连、青岛、烟台和威海等地是裙带菜的主要产区，浙江北部的舟山群岛也有产出。美味又营养的裙带菜在世界各地都很受欢迎，有“海中蔬菜”“聪明菜”等美誉。

▲ 羊栖菜

羊栖菜

同为食用海藻，羊栖菜的名气远不如紫菜和海带，但无论是从美味程度还是营养价值来考评，羊栖菜都毫不逊色。羊栖菜具有低热量、低脂肪、高蛋白等特点，被日本人称为“长寿菜”。每年春天，渔民们将其采集上岸，放在阳光下自然晒干。

海大麦

棕褐色的羊栖菜由主干分枝、互生细叶和气囊三部分组成，高一般为 15 ～ 50 厘米，最高可达 2 米。它的主干分枝呈圆柱形，其叶形多变，以棍棒形为主，像是鹿角，常被称作鹿角尖。羊栖菜的气囊像一颗颗饱满的麦粒，沿海居民多称其为“海大麦”。

▲ 羊栖菜

成长历程

顶端细胞分裂形成藻体，长大后，叶片由下向上逐渐脱落。羊栖菜是雌雄异株，雌性生殖托较雄性粗短。

资源分布

羊栖菜同裙带菜一样，羊栖菜也是西北太平洋特有的暖温带海藻，喜欢生长在风浪较大、水质清澈的低潮带岩石上，我国沿海均有分布。羊栖菜是浙江沿海的优势品种。洞头县，被称作“中国羊栖菜之乡”，养殖羊栖菜始于 1989 年前后，历史不算长，但经过 20 多年发展，这里已经成为全国最大的羊栖菜养殖、加工和出口基地，其产品远销日、韩、欧美等地。

▲ 干海茸

南极海茸

近年来，餐饮界流行着一个新的名词 ——“蓝色食品”。来自蓝色海洋，尤其是寒带深海区纯天然、无污染的植物，都可称为“蓝色食品”。南极海茸便是其中珍贵的一种，其最佳烹调方法非蒸非炒，而是凉拌，清新爽口的滋味令人回味无穷。

金色蜂窝结构

南极海茸，藻体主要由固着器、柄部和叶片三部分组成，个体长可达 10 多米，褐色的外表下有着金色的蜂窝状结构，使得南极海茸具有些许浮力。其柄部是主要的食用部分。

资源分布

南极海茸是一种富含矿物质、粗蛋白及粗纤维的深海海藻，脂肪含量低，被称作“蓝色贵族”。南极海茸对生长环境的要求十分苛刻，仅在南极洲年平均水温 4℃以下的无污染海域中才能少量生长，且生长周期较长，3 ～ 5 年才能达到采割条件，5 年以上才能剥离出海茸芯。南极海茸已被纳入世界限制性开采资源。

▲ 泡发后的海茸

▲ 干紫菜

紫菜

紫菜是生长在岩礁上的红藻类植物，广泛分布在我国沿海。很早以前，人们就采集食用美味的紫菜。北魏时期的《齐民要术》中就引用过《吴郡缘海记》的记载“吴都海边诸山，悉生紫菜”，其中还提到油煎紫菜和紫菜汤的烹饪方法。紫菜不仅可食用，还能入药，《本草纲目》就有“瘿瘤脚气者宜食”的记载。

岩礁上的紫色

紫菜是紫菜属植物的统称，它的外形简单，由盘状固着器、柄部和叶片三部分组成。紫菜含有丰富的叶绿素、类胡萝卜素、藻红素和藻蓝蛋白等，其含量差异使不同种类紫菜呈现不同颜色，因以紫色居多而得名。藻红素降解速度快，经加工后只剩下叶绿素而呈绿色；而加热过度或储存时间过长，连叶绿素也被分解时，就会变成深褐色，可见结合紫菜的颜色能判断其新鲜程度。

▲ 紫菜

▼ 紫菜收获船

▲ 紫菜晾晒

成长历程

紫菜的一生在近海潮间带度过，会经历叶状体和丝状体两个阶段。叶状体成熟时在叶面边缘会形成果孢子囊和精子囊，果孢受精后形成果孢子；果孢子钻入贝壳或岩缝中形成丝状体；丝状体成熟后释放出壳孢子，壳孢子会附着在各种基质上，萌发长成新的叶状体。这就是紫菜的生活史。

资源分布

紫菜是重要的人工栽培类海藻，我国、韩国和日本是其主要出产国，不同产地的紫菜种类也有所不同。根据藻体边缘细胞有无刺状突起，把紫菜分为全缘紫菜类、刺缘紫菜类、边缘紫菜类。在我国，全缘紫菜类主要分布在浙江北部嵊泗列岛向北的广大沿海地区，刺缘紫菜类的主产地是嵊泗列岛以南的浙江、福建和广东沿海。青岛和厦门之间的海域则是全缘紫菜类和刺缘紫菜类的混合分布区。地处闽东的霞浦县是我国南方最早养殖紫菜的地区，早在元朝就有霞浦人养殖紫菜的记载，这里也被誉为“紫菜之乡”。

▲ 紫菜贝壳丝状体培育

家族成员

紫菜家族有 70 多个成员，分布在世界各地，我国现已发现 18 种紫菜。

坛紫菜，暖温带性海藻。藻体呈紫红色，叶片边缘分布着稀疏的“锯齿”，稍有褶皱。其大多生长在我国东南沿海。

条斑紫菜，冷温带性海藻。藻体大多呈紫红色或青紫色，叶片边缘有褶皱，但无“锯齿”。每年 2～3 月是其生长繁盛期。我国黄渤海均有分布，是西北太平洋特有的紫菜品种。

圆紫菜，藻体呈紫红色，雌雄同株，与其他种不同，它的边缘有明显的“锯齿”。圆紫菜更偏爱冬、春两季，12 月至次年 4 月生长旺盛。在我国沿海均有分布。

甘紫菜，鲜活时呈棕褐色，晒干时则为紫红色，宽大的叶片多褶皱。为雌雄同株植物。

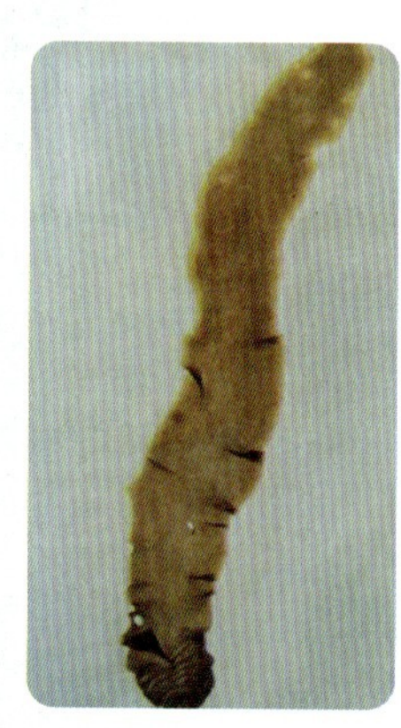

▲ 坛紫菜

▲ 条斑紫菜

▲ 圆紫菜

▲ 甘紫菜

▲ 凉拌龙须菜

龙须菜

我国食用龙须菜历史悠久，《本草纲目》曾记载："龙须菜，甘，无毒。治瘿结热气，利小便。"《漳浦县志》中记载："海菜，生海中沙地，长如线，色微红。"《本草求原》中曰："龙须菜，祛内热。"一盘风味独特、香脆鲜美的凉拌龙须菜给炎炎夏日增添一抹清凉。

▲ 龙须菜

漂浮的"龙须"

龙须菜是一种经济价值较高的江蓠科红藻，又名鹿角菜、发菜、海菜、线菜、江蓠、牛毛，为多年生藤状植物，其藤茎长可达 30 ～ 50 米。藻体呈圆柱状，线形。

向阳而生

龙须菜喜欢生长在风浪较小的海区，藻体附着在石块、沙砾和贝壳上。光照是其生长的必备条件之一，越接近水面的生长得越好。在清澈的海水中生长的龙须菜藻体健壮，颜色较深；反之，生长在浑浊海水中的藻体短小，颜色较浅。在温度适宜时，龙须菜能迅速长出藻枝，营无性繁殖，完成其由孢子体世代、配子体世代和果孢子体世代三个世代组成的等世代型生活史。

▲ 真江蓠

◀ 脆江蓠

资源分布

龙须菜资源丰富，在我国海域的自然分布（山东省和辽宁省）具有不连续性特征。在日本、美国和加拿大（西海岸）、南非等纬度相近的海域也有自然分布。已从山东青岛引种到福建南部海区、广东汕头南澳岛等地沿海，且栽培多年后，其在南方的生长期延长为每年的 11 月至次年的 5 月，可进行 3 次收获，产量和经济效益均有较大提高。除食用外，其所含藻胶是制造琼胶的主要原料，可应用于工、农、医药等领域。

它的亲戚

江蓠科中，我国常见的养殖品种还有真江蓠、脆江蓠等。

真江蓠，单生或从生，最高可长到 2 米，一般为 30 ～ 50 厘米。紫褐色，有时略带绿或黄色，体亚软骨质。

脆江蓠，肥厚多汁，是我国特有的江蓠品种。圆柱形的藻体直立，易折断。新鲜时呈浅红色，晒干后颜色略变深。

其他海洋生物

OTHER MARINE CREATURES

其他海洋生物

OTHER MARINE CREATURES

神秘的海洋世界还有这样一类生物：它们的相貌千奇百态，或如花朵般鲜艳，或如鬼怪般奇特，却是鲜美食材；有的体内或多或少含有危险毒素，使人稍不留神，便受其害。

浑身长满肉刺、外表奇特的海参，自古以来就是餐桌上的名贵食材；体态圆润的河鲀看似可爱，却毒性极强，即使这样也无法阻止人们对其美味的追求，古代文人墨客更是对其赞不绝口；有着一副“鬼样子”的日本鬼鲉足以让人受一番惊吓，其体内暗藏的毒素也足以夺人性命，但肉质清蒸后的鲜美细嫩，又深受食客的追捧；古老的海洋生物——海胆，有着令人望而生畏的棘刺外表，但其体腔中的美味成功俘获了一批批食客的心；梦幻动人的水母类生物——海蜇是餐桌上的宠儿；优雅舒展的海葵则是凶狠残忍的海底捕猎高手……大自然在赋予其美味的同时，也给予了它们自卫的本领。就让我们一起来认识这些让人又爱又恨的海洋精灵吧。

▲ 海胆

海参

自古以来海参就是我国的名贵食材，古人认为“海参其性温补，足敌人参，故名海参”。有人专写《海参赋》来描述老饕对海参佳肴的追捧：“东溟千里，海错缤纷，其中宝物，名曰海参。庖宰视之为三绝，食界列之于八珍。倘若高厨临灶，大师掌门，必使菜色夺目，香气迸喷。实可谓出鼎鼐而色味动客，入脾胃而营养宜人。今有速健海参王者，技绝艺真，在此操饪，尽展芳芬。于是酒徒群集，食客盈门，八方相告，远近传闻。知者不惜千金而求座，不知者亦能一尝而惊唇。乃敢说北国有店，入化出神，海参烹调，唯此独尊。”

海参是棘皮动物门、海参纲动物的统称。身体呈圆柱形的海参依靠腹面的管足在海底缓缓移动，若是一动不动趴在海底，就像一根黄瓜，故也叫“海黄瓜”。世界上有 1 000 多种海参，其中约有 40 种大型海参可以食用；我国海参有 140 余种，可供食用的约 20 种，其中被誉为“参中之冠”的是大名鼎鼎的刺参。

▲ 梅花参

▲ 刺参

刺参

刺参，久负盛名，是海味“八珍”之一。清吴梅村诗句有云：“莫辨虫鱼族，休疑草木名；但将滋味补，勿药养余生。”刺参虽外表丑陋，却是美味又大补的佳品。

形态特征

刺参，也被称为仿刺参、日本刺参、灰参、辽参和海鼠，是我国品质最好、产量最大的一种食用海参。其最显著的特征就是背部那 4 ～ 6 行大小不等的圆锥形肉刺。刺参口部位置偏向腹面，在口部的四周长有 20 个楯形触手（口部触手的形态是区分海参种类的依据之一）；而肛门位置偏向背面。刺参的体色、大小和肉刺的多少随生活环境而异，一般背面呈褐色，而腹面则为浅黄褐色。

形态各异的骨片

海参的真皮层中长有很多微小的骨片，这些石灰质的骨片是它的内骨骼。骨片通常被认为是胚胎期骨骼的存留，常见的有桌形体、扣形体、杆状体、轮形体、穿孔板、C 形体和花纹状体等，可作为海参的分类依据之一，也为参龄鉴别提供参考。

◀ 海参的雌雄（以糙海参为例）

海参的雌雄

海参多数是雌雄异体，少数为雌雄同体。刺参为雌雄异体，单凭外观难以分辨，在生殖期雌性生殖腺为杏黄色或橘红色，雄性生殖腺为浅黄色或者乳白色（俗称“海参花”）。

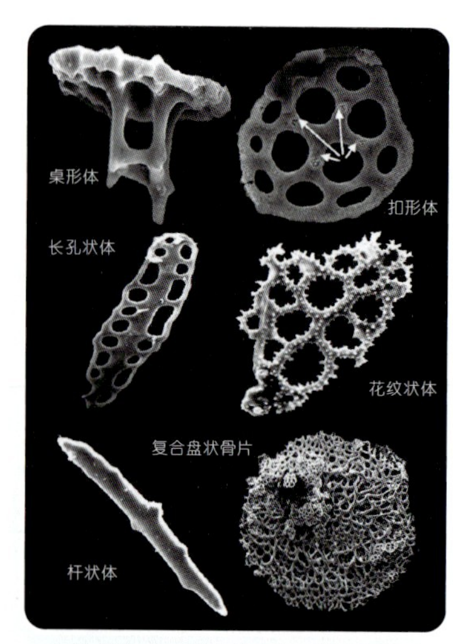

▲ 扫描电镜下不同形态的刺参骨片

敏感的刺参

▼ 刺参的生长发育

刺参喜欢生活在岩礁底质或者沙泥底质浅海中，这里水流缓慢，海藻茂密，为其生长繁衍提供了稳定的环境。刺参以海底沉积物中的微小生物为食，如海藻碎片、放射虫和有孔虫等，它们依靠触手摄取富含有机物的沉积物表层物质，每天都会吞吐大量泥沙。刺参对水质非常敏感，在被污染的海水中容易死亡。不仅如此，刺参对天气也具有一定的感应性，当你看到大量刺参潜伏于泥沙底或者躲藏在礁石下时，说明风暴即将来临。

刺参一般在春末夏初排卵，之后会钻入礁石缝中停止摄食、翻转身体，开始“夏眠”，直到秋季水温降低才重新开始活动。不要小瞧了刺参的“夏眠”，这可是它提高生存竞争力和繁衍能力的法宝。

“排脏”与“再生”现象

刺参在遇到危险或受到其他异常刺激后会将部分甚至全部内脏从肛门排出，这些乌糟糟的内脏会起到迷惑敌害的作用，从而使自身获得逃跑的时间。失去内脏的刺参还能成活吗？答案是肯定的，刺参的再生能力强，在条件适宜时，两个月之后又能长出新的内脏。

资源分布

西北太平洋是刺参的主要分布区，随着 20 世纪 80 年代刺参人工育苗技术实现突破，刺参大规模人工养殖逐渐普及，养殖刺参已经成为海参消费市场的主导产品。

▲ 绿刺参

它的亲戚

梅花参，俗称凤梨参，因背面肉刺形同梅花而得名。其背面为橙红色或者橙黄色，有黄色或褐色斑点。梅花参个大肉厚，主要分布在我国台湾南端、西沙群岛，以及东非、印度尼西亚和澳大利亚以北海域的珊瑚礁间的沙底。在梅花参的泄殖腔内常有隐鱼共生。

▲ 花刺参

绿刺参，因其身体接近四棱柱形俗称方柱参，体表为墨绿色或青黑色，在两侧和背部各有两行交错排列的肉刺，肉刺末端为橘红色或者橘黄色。绿刺参主要分布在印度—西太平洋，在我国分布于海南岛、西沙群岛附近海域。绿刺参肉质过于软嫩，极易自溶，捕捞后应尽快加工处理。

▲ 海地瓜

花刺参，俗称方参、黄肉。花刺参体色变化较大，一般为深黄色，也有灰黄色或者黄褐色，肉刺末端大多为红色，其肉质厚嫩，品质优于绿刺参。花刺参分布海域较广，西起马达加斯加、红海，东至加罗林群岛，北至日本南部，南到澳大利亚洛德豪岛；在我国主要分布于南海和台湾附近海域。

海地瓜，一种常见的芋参，身体呈纺锤形，形似地瓜，因此得名。海地瓜外表呈肉红色，干制后背部呈黑褐色，主要分布在日本、菲律宾、印度尼西亚和我国近海，喜欢居住在软泥底中。海地瓜的体壁较薄，食用品质差，价格低廉。

▲ 阿拉斯加红参

阿拉斯加红参，又称北美大刺参、美国红参或加利福尼亚海参。顾名思义，阿拉斯加红参的背面与两侧颜色大多为暗红色，体表肉刺颜色较淡、肉刺末端呈红色，主要分布在北美洲沿海。阿拉斯加红参产量丰富、品质上佳，在我国市场的销售量逐年递增。

挪威红参，其背面颜色大多为鲜艳的红色，腹面则为白色，主要分布在北大西洋的寒冷海域，在北太平洋也有分布。挪威红参品质佳，但近年来资源量有所下降。

▲ 挪威红参

▲ 鬼鲉

某些部位"带毒"的海鲜

鬼鲉

鬼鲉鱼如其名，一眼看去就带着森森"鬼气"，嘴巴大张的样子，与"五毒"之一的蟾蜍有几分相像。而在艺术家眼中，这却正是它的美感所在。我国著名美术师盛欣夫先生就曾以日本鬼鲉入画，以青料绘在白瓷上，虚实相生，浓淡得宜。日本鬼鲉虽然是一副怪模样，肉质却细嫩鲜美，在原产地日本很受欢迎。

形态特征

日本鬼鲉体表没有鳞片，身上好似披着一张带斑纹的兽皮，因而又被称作老虎鱼、石头鱼和猫鱼。它的头部凹凸不平，一脸的恶相搭配满身的皮瓣，这副模样还真是会让人不禁联想到"魔鬼"。

会变色的"海蝎子"

日本鬼鲉不仅长得"神头鬼脸",行事也是"神出鬼没"，喜欢潜伏在海底深处捕食，凭借其超强的伪装能力，被称为海洋里的"变色龙"。它的体色随水深不同而异，在浅海中呈黑褐色，在深海则呈红色或黄色，求偶期间还会展开胸鳍显现出"婚姻色"来吸引异性；当有掠食者侵犯时， 胸鳍又露出"警告色"以吓退敌人。

▲ 黄色的日本鬼鲉

▲ 鬼鲉刺身美食

日本鬼鲉的可怕之处，不仅在其魔鬼般的长相，还在鳍棘端部藏着的毒腺，人一旦被刺就会产生剧烈阵痛，严重者甚至会危及生命，故又有“海蝎子”之称，是世界上最毒的动物之一。但日本鬼鲉所带毒素既是毒也是药，在我国福建沿海地区人们将此鱼煮汤，还可治小儿疮疖症。

资源分布

日本鬼鲉主要分布在西北太平洋热带和暖温带海域，自日本至我国各沿海均有分布，但其产量不大。

▲ 日本鬼鲉

家族成员

除了日本鬼鲉，我国还分布有 4 种鬼鲉，如中华鬼鲉、双指鬼鲉、居氏鬼鲉等。

中华鬼鲉，与日本鬼鲉相似，但容易辨别的是中华鬼鲉胸鳍内侧具有鲜黄色斑块。其游泳能力不强，喜欢潜藏在海底泥沙中捕食，生性凶猛且贪食。主要分布在印度—西太平洋热带海域，包括台湾海域。

▲ 中华鬼鲉

河鲀

▲ 河鲀

我国自古就有"不食河鲀，焉知鱼味，食了河鲀，百鲜无味"的说法。历代文人墨客对河鲀的赞美不胜枚举。北宋诗人梅尧臣诗云："春洲生荻芽，春岸飞杨花。河豚当是时，贵不数鱼虾。"河鲀（豚）就是这样一种食材，虽然其体内可能含有的毒素让人吃得心里不踏实，但其鲜美的滋味却让人欲罢不能。

圆滚滚的身材

河鲀体态丰腴，体外没有鳞片附着。它的臀鳍和背鳍相似，适于游泳的胸鳍又短又宽。大多数种类背部花纹有所差异。可不要被河鲀圆润可爱的外形所迷惑，它的牙齿和颌骨十分坚硬，可以咬碎贝壳。

"胀肚自卫"

在处处充满危险的大海里，河鲀练就了一套特殊的自卫术。一旦遇到危险，它松弛的腹部就会像球一样迅速膨胀起来，有些河鲀身上的刺会直立起来保护自己，堪称"水中刺猬"。胀肚的河鲀又有了许多可爱的名字，比如气鼓鱼、气泡鱼和吹肚鱼等。

▲ 河鲀鼓成一个大气球

▲ 河鲀白子（雄性河鲀的精囊）

▲ 河鲀白子美食

河鲀毒素

除了将自己变成一个“大皮球”吓退敌人外，河鲀身体里还藏着一件自卫武器，那就是河鲀毒素。河鲀毒素自古就令人敬畏。从人类开始食用河鲀开始，每年清明前后都会发生食客因误食或加工过程中处理不当而中毒死亡的事例。但很多人不知道的是，河鲀毒素主要分布在卵巢和肝脏，其毒性之强，相当于氰化钠的 1 000 多倍，人摄入 0.5 毫克就足以致命。而这种天然生物毒素，极其珍贵，可作为药物用于临床和科研。有些种类的精巢和肌肉是无毒的，而鱼一旦死亡，其内脏中的毒素便会通过体液渗入到肌肉中。河鲀体内的毒素多少，还与季节等因素有关。在春季卵巢发育期，毒性变强；6 ～ 7 月产卵后，卵巢退化，毒性减弱。肝脏也以春季产卵期毒性最强。即便如此，人们还是愿意赌上性命去一品这海洋中的极致美味。正如鲁迅先生所说：“岁暮何堪再惆怅，且持卮酒食河豚。”

养殖河鲀安全无毒吗？

如此厉害的河鲀毒素究竟是怎样产生的呢？一般认为，河鲀因为吞食含有河鲀毒素的海洋生物而致使毒素在其体内大量富集。

通过人工控制外界环境、喂养人工饲料的红鳍东方鲀没有毒性，这表明采用先进控毒养殖技术可以使养殖河鲀做到肌肉无毒或低毒，实现安全食用。2010 年 12 月，规定河鲀“有剧毒，不得流入市场”的《水产品卫生管理办法》被废止，部分养殖河鲀被列为“新食品原料”；2016 年 9 月，《关于有条件放开养殖红鳍东方鲀和养殖暗纹东方鲀加工经营的通知》发布，这意味着人们又可以“合法”食用上述两种河鲀了，这对于喜食河鲀的消费者来说无疑是一个好消息。

资源分布

河鲀生活在温带、亚热带和热带海域，在我国沿海均有分布。我国的河鲀养殖业经过10多年的发展，已初具规模。辽宁、山东和江苏等地沿海是河鲀的主要养殖地区。养殖种类也比较多样，如红鳍东方鲀和暗纹东方鲀等。日本人最爱食用河鲀，对毒素的处理做出了严格的要求，并设置了严格的河鲀厨师资格考试，以保证食客们的饮食安全。我国每年有大量河鲀出口日本。

▲ 红鳍东方鲀

家族成员

鲀科的种类较多，全世界有90余种，我国有56种，常见的种类有红鳍东方鲀、暗纹东方鲀、菊黄东方鲀和假睛东方鲀、黄鳍东方鲀。

▲ 暗纹东方鲀

红鳍东方鲀，又称黑艇鲅、黑腊头和虎河鲀，体型较大，体长一般为40厘米左右，最大可达80厘米，体重可达10千克以上，是最常见的河鲀，分布在日本、朝鲜半岛海域以及我国渤海、黄海、东海和台湾海域等。

暗纹东方鲀，也是常见的食用河鲀，在我国江南一带俗称“鲃鱼”，其胸鳍上方及背鳍基部各有一块大黑斑，臀鳍为黄色。多分布于我国渤海、黄海和东海，在长江和鄱阳湖等淡水区域也可以看到它的身影。

▲ 菊黄东方鲀

菊黄东方鲀，俗称“满天星”，体背面棕黄色，腹面则呈乳白色，主要分布在西北太平洋。

◀ 红色海星

海星

海星家族中最为出名的，当属动画片《海绵宝宝》里那只头脑简单、四肢发达、食量惊人的粉红色大海星——派大星啦。派大星的出现让海星一时间名声大噪。自然界中的海星体态优雅，色彩绚丽，如繁星般散落在海底，装点着美丽的海洋世界。

▲ 腹面的嘴——反口面

五彩斑斓的海中“星”

海星又名海盘车，扁平的星状体盘向外伸展出数条腕，在腕下侧并排长有 4 列密密的管足。管足是海星的运动器官和感觉器官，既能捕获猎物，又可攀附岩礁。也许你会好奇，海星的嘴到底长在哪里？翻到它的腹面，原来嘴就藏在身体的底部中央，海星所爬之处嘴都可与之接触，方便捕食。海星的个体大小差异很大，体色也是多彩缤纷，常见的有黄色、红色、紫色等，五彩斑斓的海星离开大海后也会作为装饰品供人们欣赏。

▲ 海星管足

▲ 海星生殖腺

长寿的“大胃王”

动画片里的派大星是个“大胃王”，现实中的海星很能吃，幼体一天便可吃掉超过自己体重一半的食物，还十分凶残。海星“恃强凌弱”，常常捕食那些行动迟缓的海洋动物，如贝类、海胆类、海葵类等。海星有自己的捕食策略——缓慢迂回，先慢慢接近猎物，用腕上的管足抓住猎物，用整个身体包住，紧接着将胃袋从口中吐出，利用消化酶将猎物在体外溶解后再吸收。

海星的寿命可达 35 年之久。一般在夏季繁殖后代，卵和精子在海水中受精。部分种类有抱卵和护卵的习性，常竖起自己的腕，形成一个保护伞，以免卵被其他动物捕食。幼体孵化出来后，便随海水四处漂流，在不断的捕食中成长。海星可食用的部分是雌性生殖腺，常被称为海星黄。不过，因其含有较多的皂苷类成分，中医归纳曰：“咸，温，有小毒。”提醒食客食用时莫贪口腹之欲，以免中毒。

海星有个绝招就是“分身术”，在遇到危险时会选择“弃车保帅”，自断“手臂”逃跑，而这些“断臂”还会长出来，但会略小些。我们在海滩上看到的畸形海星，通常是劫后余生的。

▲ 劫后余生的畸形海星

资源分布

海星分布在世界各海域，以北太平洋分布最多，约 500 种。我国沿海有 100 多种海星，尤其是在西沙、南沙和中沙群岛附近海域种类更丰富。它们喜欢群居，栖息在有沙、岩石或珊瑚的海底；对盐度十分敏感，在低盐度海域很少出现。海星的药用价值要大于食用价值，可用于治疗风湿、腹泻等。

家族成员

多棘海盘车，又名五角星、海星和星鱼，背面是紫蓝色，十分漂亮。五条腕的辐径约 14 厘米，腕基部宽大，主要分布在我国渤海和黄海。餐桌上食用的海星大多是此种。

海燕，腕短而宽，体盘较大，看上去更像一个标准的五角星。通体密布颗粒状小棘，体色十分鲜艳，背部通常是深蓝色和丹红色交错排列，底部则是橘黄色，在我国渤海和黄海均有分布。

海燕 ▶

▲ 多棘海盘车

海胆壳工艺品 ▲

海胆

“把盏会佳友，弹指海胆飞。三杯忘尘俗，一笑醉不归。”诗中所言正是那令人痴迷的海胆滋味。初识海胆的人常常会因为那长长短短的棘刺而敬畏它，却不知棘刺里包裹的正是那团金黄色的美味。

海底刺球

扁球状的海胆如同一个带刺的仙人球，有人形象地称它为“海底刺球”“龙宫刺猬”。上亿年前海胆在地球上就已经存在，算是地球上的“元老”了。不同种类的海胆体形差异很大，小的海胆直径仅有 2 厘米。海胆有着十分结实的石灰质外壳，化石种类很多，对地质学研究有重要意义。排列着大大小小凸疣的海胆壳，常被制作成工艺品。仔细观察海胆壳会发现，其呈五辐射对称，与其近亲海星十分相似。从某种意义上说，海胆可看作一只反着抱成团的海星，是不是很神奇呢？

海胆壳外包裹着一层薄薄的膜质壳皮。壳上生有许多可动却易断裂的棘刺，但断掉的棘刺还能再生；一旦碰触，这些棘刺会迅速聚合在一处，抵御外敌；有些种类的棘刺末端还有毒腺。外壳包裹的体腔里有海胆的多种器官。

成长历程

海胆大多栖息在海底或石缝中，少数种类生活在珊瑚沙中。别看海胆满身棘刺，一副天不怕地不怕的样子，实际上它却胆小怕光，只敢昼伏夜出。

海胆的食性并不是一成不变的：幼体时期以单细胞藻类为食；变态发育后则主要进食底栖硅藻，兼食其他附着性单胞藻和有机碎屑等。种类不同的海胆成熟后，在食性上有很大的差别，素食性、杂食性、腐食性、肉食性都有。

▲ 海胆黄美食

资源分布

目前，世界上已发现 850 多种海胆，我国有 100 多种，其中可食用的有十几种。海胆在世界各大洋中都有分布，以印度洋和西太平洋种类最多，我国沿海均有分布。

交配期的海胆是最有食用价值的。此时雌海胆内含有一腔橙黄色的生殖腺，即我们通常所说的海胆黄。海胆中有多种氨基酸，生物活性物质含量丰富。所有的海胆中，尤以紫海胆最为名贵。在我国山东半岛北部沿海用海胆黄制成的“海胆酱”远销中外。

▲ 马粪海胆

家族成员

马粪海胆，与一般海胆相比棘刺略短，外壳多为绿色或灰绿色，名如其形，远远看去像极了一坨马粪，也因此而得名。它们栖息在海藻繁茂的岩礁间、沙砾底和石缝中，在春季繁殖后代。在我国渤海和黄海沿岸均有分布。马粪海胆因为海胆黄口感浓厚，得到了广泛养殖。

▲ 大连紫海胆

大连紫海胆，又名光棘球海胆，外壳为暗紫色，棘刺稍长。大连紫海胆也喜欢在岩礁间和沙砾底中生活，5 ~ 7 月份是其繁殖季节。它是我国北方沿海最主要的经济海胆，广泛分布在渤海和黄海部分岛礁周围。

红海胆，也叫“赤海胆”，棘比较短，棘刺的颜色十分艳丽，从砖红色到酒红色不等。红海胆主要分布在太平洋，喜欢待在避风的海底岩石上。除了味道鲜美，其寿命之长也令人惊讶。地球上排名前 10 位的长寿动物中，红海胆以 200 岁的高龄位列第四。

▲ 红海胆

▲ 海蜇

海蜇

提到海蜇，最先浮现在人们眼前的便是清新、爽脆的凉拌海蜇皮了，这道凉菜征服了各地食客的味蕾。人们大多只记得餐盘里被切成丝状的海蜇，却忘记了海蜇其实是一种大型水母，在蓝色的大海中悠游时，梦幻动人。

“海中洋伞”

海蜇，又被称为石镜、水母、蒲鱼和水母鲜等，既可食用又可入药。海蜇由一个蘑菇形的“头部”和一堆长长短短的触手组成，即伞体部和口腕部。伞体部就是通常所说的海蜇皮，外伞部表面光滑，晶莹剔透。海蜇就是靠着发达的伞环状肌收缩来游动。海蜇腕基部愈合在一起，每条腕的末端均有开口，这就是海蜇的“口”，由于腕与口相连，因此又称为“口腕”。

海蜇身体里有着杀伤力极强的“独门暗器”——刺细胞。这些刺细胞分布在口腕处的棒状和丝状触须上，小鱼、小虾一旦碰到触手，刺细胞弹出的刺丝就会扎入鱼、虾体内，可怜的鱼、虾被刺丝内的毒液麻痹，很快便会成为海蜇的腹中餐。当然，人一旦碰到这些可怕的刺细胞也会被蜇，轻则疼痛红肿，重则危及生命。

人们捕获海蜇后，会将伞体部与口腕部分开，用盐和明矾进行腌渍。腌渍后的伞盖就会变成半透明的“皮”，这张“皮”其实是肥厚的胶质组织，嚼起来爽滑鲜脆。加工处理后的海蜇毒性已消失，食客们大可放心食用。

“自由切换”的生殖方式

令人想不到的是，6.5 亿年前的地球上就有海蜇的身影，它的出现比恐龙还早。海蜇在海洋中浮游生活，喜欢在河口附近的海域，在干旱的年份可随潮水进入河道。海蜇主要以小型浮游甲壳类、硅藻和各种浮游幼体等为食。我们看到的海蜇已经是成体阶段，发育时期的海蜇与成体截然不同。

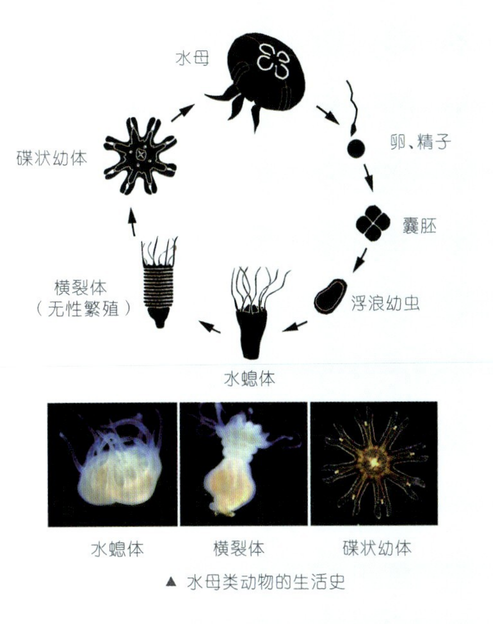

▲ 水母类动物的生活史

海蜇的繁殖发育要经历一个复杂的世代交替过程。海蜇有发达的生殖腺，繁殖能力较强，体外或体内受精形成的受精卵多次分裂后形成囊胚，囊胚外长出许多纤毛后，能自由行动，称为浮浪幼虫。经过很短的时间后，浮浪幼虫停止附着，形成水螅体，自行取食。水螅体逐渐长大，到了冬天，无性生殖阶段开始，形成碟状幼体；随后发育成海蜇幼体，形成生殖腺，性成熟后又进行有性繁殖。可以说，在海蜇的生活史中，有性繁殖和无性繁殖交替进行。

资源分布

海蜇广泛分布在热带、亚热带及温带沿海。世界上已记录的海蜇属只有海蜇、黄斑海蜇、棒状海蜇和疣突海蜇 4 种，前 3 种在我国沿海均有分布，其中海蜇和黄斑海蜇均是常见的经济物种。

▲ 沙海蜇

海蜇与沙海蜇

我国水产市场上出现最多的食用水母是海蜇和沙海蜇。海蜇与沙海蜇在分类上同科不同属，海蜇仅分布于近岸海域，沙海蜇的分布范围更广。海蜇体积较小，只有约 5 千克，腌制后保持深红色，口感清脆；而沙海蜇生长速度更快，体积更大，可重达 50 千克，腌制后体表泛黄，口感较软，略逊于海蜇。沙海蜇的价格比海蜇低得多。

它的亲戚

黄斑海蜇，成体呈乳白色，外伞部表面有许多短而尖的疣突。因其表面有众多黄褐色的斑点，得名“黄斑海蜇”。黄斑海蜇是亚热带近岸海域的特有种，分布在日本、菲律宾周边海域及红海等，在我国大多分布在福建南部、广东、香港和广西沿海一带。

▲ 黄斑海蜇

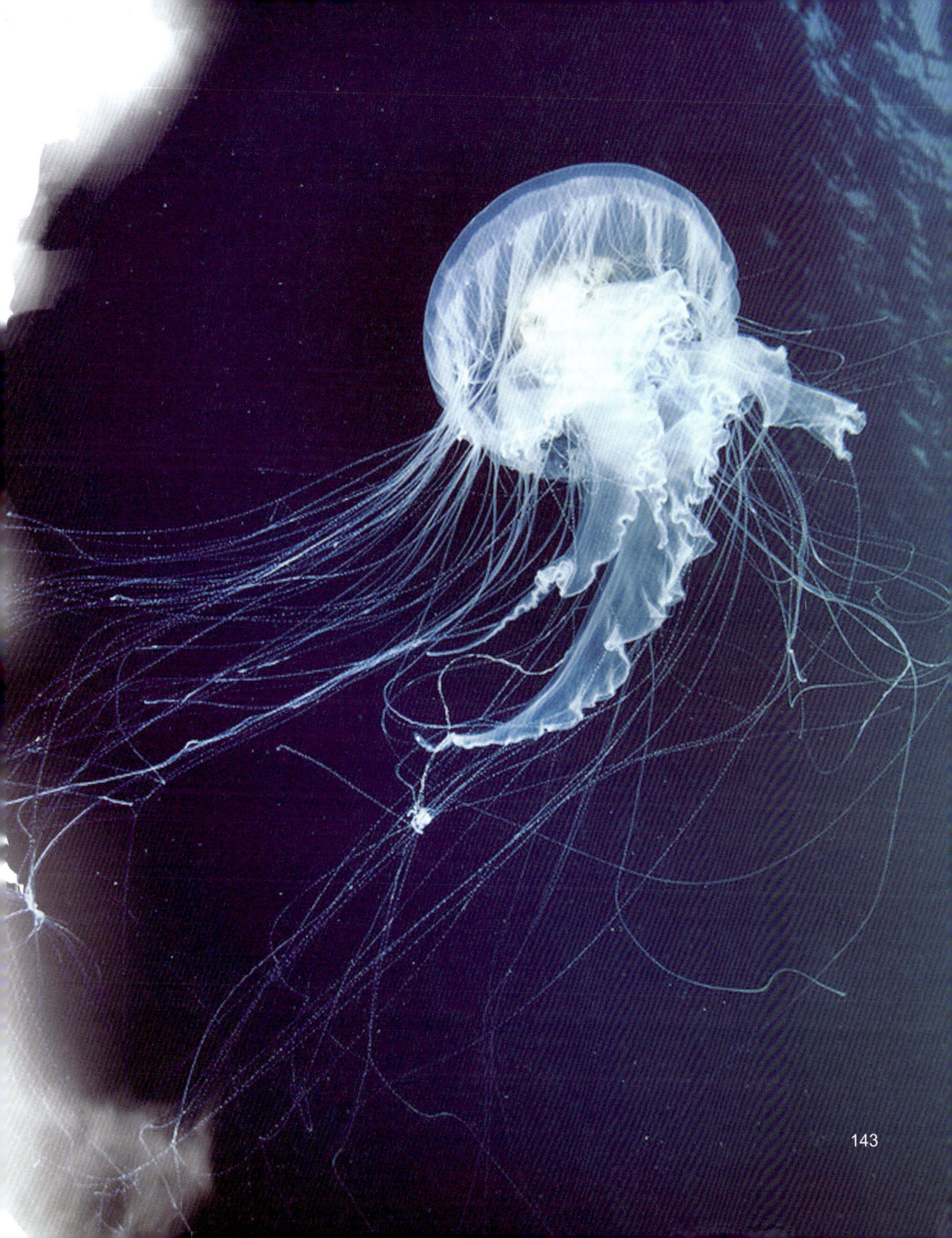

▲ 海葵和小丑鱼

海葵

海底世界除了海草，还有绽放的各色“花朵”—— 海葵。海葵仿佛是一棵棵长在海中的向日葵，“花瓣”丝丝垂下，在海水中轻漾，优雅迷人，这也是其名字的由来。

大小各异的“海中花”

海葵的种类很多，形态各异，大的口盘直径可达 1.5 米。圆筒状的身体上下两端分别为开口的口盘和封闭的基盘，在口部长着许多触手，在海中摇曳生姿。不同种类的海葵的触手数量也有所差异，但都是 6 的倍数，触手是海葵捕食、自卫和运动的利器。海葵是海底的寿星，“海中花”能活几十年甚至上百年。

摇曳多姿的海中杀手

海葵的食性复杂，以鱼类和无脊椎动物如贝类、甲壳类等为食。海葵行动不便，不能主动出击，聪明的它们懂得扬长避短，触手如同花枝般舞动，路过的小鱼、小虾受这美丽的“花朵”诱惑，驻足一探究竟，就会被突然收缩的触手捕获。这些触手如海胆的棘刺一样含有大量刺细胞，小鱼、小虾一旦碰到它们，“海葵毒素”就会注入这些生物体内，海葵便可享用美餐了。人类若被海葵蜇伤，会出现皮肤红肿、头昏乏力等症状。可见这片看似艳丽多姿的“花丛”也布满了陷阱。

美丽的海葵只能附着在海底或其他海洋生物上，海底的“横行将军”螃蟹或寄居蟹常常会成为海葵的“马车夫”，带着海葵在海底漫步。当然，海葵上也会生活着一些房客，海葵鱼（小丑鱼）等就以海葵为家，栖息在其触手之间。作为回报，小丑鱼为海葵提供清洁服务，替其清除身上的淤泥、黏液及寄生虫。

资源分布

世界上的海葵超过 1 000 种，分布在各大海域中。多数海葵喜欢栖息在浅海和沿岸的水洼或石缝中，少数生活在大洋深渊，巨型的海葵则大多出现在热带海域。

也许海葵的满身黏液让人觉得有些恶心而没有食欲，但是它既美味又滋补，食用时只需要将黏液去掉，便可烹制出受人们欢迎的海葵菜肴 —— 海葵酸辣汤、干锅海葵和红烧海葵等。当然，并不是所有的海葵都可以食用，有的海葵毒性很强，需要谨慎食用。

▲ 海葵的触手

▲ 美丽的海葵

家族成员

紫点海葵，常见于地中海沿岸海域。色泽亮丽，圆盘状的足部呈橘色，上面缀有小红斑点，具有 48 条短胖的触手，触手顶端有紫色的小肉突。

美国海葵，有着绚丽多彩的体色，是生活在美国沿岸珊瑚礁上特有的美丽物种，触手又粗又长，刺细胞的毒性很强，碰到它的动物难以免遭伤害。

▲ 紫点海葵

▲ 处理过的食用海葵

许多人鲜知的海鲜

龟足

▲ 龟足

曾闻龟脚老虎牙，博得君王一笑夸。潮满蛤毛茸豆荚，泥香蚬壳吐桃花。

——朱绪曾《昌国典咏》

早在古代，龟足就得到了食客们的青睐，南朝江淹就曾作赋赞其“具品色于沧溟”，可以“委身于玉盘”。宋朝时期，龟足声名远扬，成为一道家喻户晓的海洋美味。到了南宋，杭州人更是将龟足与牡蛎等一同列为海品珍馐。

“海龟的爪子”

顾名思义，龟足的外形与海龟的小爪子相差不多。龟足的蔓足伸展开来，像极了佛手，人们又将其称为佛手蚶；又因它的长相与书房中的笔架相似，福建霞浦人还称它为笔架；此外，龟足还有石蜐、狗爪螺、观音掌、鸡冠贝和仙人掌等俗称，皆因其怪异的长相而得名。

龟足头部呈绿褐色，可分为八块大壳板，基部小侧壳板排成一排；打开中间的壳板，会看到龟足摄食时伸出的细细的蔓足。龟足的柄部呈暗褐色，具有十分发达的肌肉，可以伸缩自如。柄部被椭圆形鳞片紧密地覆盖着，受到外界刺激时，龟足会收缩柄部藏进石缝里。

“爱伸懒腰”的龟足

龟足的“懒”十分出名，它能常年固着在石头上（或寄生于鱼体上），与牡蛎相同，喜欢过群居生活，明朝屠本畯的《闽中海错疏》中记载：“石蜐生海中石上，如蛎房之附石也。”每到春季，龟足会集体翻身，腹面朝上，胸肢向外伸展，好似团团花朵。古人对龟足春季散漫舒展之状观察得十分仔细，因而又有“石蜐生华”之说。明人杨慎的《石蜐赋》形容得最好——“此虫也类草，每春则生华”，好比“水妃璎佩，渊客簪查”。

资源分布

很长一段时间，人们将龟足归为蚌蛤家族，江淹曾云：“石蜐，一名紫蓋，蚌蛤之类也。”其实，龟足与贝类并不是亲戚，它与虾蟹同属于甲壳动物家族。在我国分布于东海、南海及台湾沿岸。

春末日暖雨足，此时出产的龟足多而肥壮，体色青黑，口味最好。入秋后，其便逐渐消瘦，等到了冬季，人们就不再出去采挖龟足了。

▼ 白灼龟足

▲ 剖开的龟足

▲ 土笋

土笋

▲ 土笋冻

闽南人耳熟能详的歌曲《哇，土笋冻》所描绘的正是当地最有特色的风味小吃 —— 土笋冻。不过“土笋”可不是笋，而是一种小海虫。清朝同治年间，福建布政司周亮工在《闽小记》中记载：“予在闽常食土笋冻，味甚鲜异，但闻其生在海滨，形似蚯蚓。”土笋冻晶莹剔透，滑溜爽口，再配上蒜泥、黑醋、辣椒丝等做辅料，吃起来味美鲜香，令人回味。

土笋非笋

土笋是可口革囊星虫的俗称，是我国特有的一种星虫。《闽中海错疏》中提到：“其形如笋而小，生江中，形丑味甘，一名土笋。”“土笋”之名由此而来。土笋肥圆细长，状如蚯蚓，体表呈淡黄色或棕色，粗细不一，粗者好似食指，细者则像稻茎，无体节和刚毛。土笋中富含胶原蛋白，长时间熬煮后胶质会使汤水在自然冷却后凝结成冻状，变成美味可口的“土笋冻”。

土笋的穴居生活

土笋一般栖息在河口、港湾和沿海地表径流丰富的泥沙滩涂中，以底栖藻类和有机碎屑为食，在潮水上涨时将吻部伸出洞穴外摄食，退潮后又缩回洞穴中。土笋虽是雌雄异体，但两者外表十分相似。每年的 5 ～ 8 月是其繁殖期。期间，雄性个体的肾管因富含精子而呈乳白色，雌性肾管则颜色暗淡。成熟的卵子在水中受精后，经过原肠胚、担轮幼虫、海球幼虫阶段，最终发育成稚虫，开始底栖穴居生活。

◀ 沙虫

沙虫干 ▲

资源分布

土笋分布在我国长江口以南的沿海地区，如浙江、福建、广东、广西和台湾沿海。近年来由于采捕量日益增大，野生土笋的数量急剧衰减。目前，福建和浙江等地已经成功开展土笋的人工养殖。

它的亲戚

沙虫素有“海滩香肠”之美称，与土笋是近亲，沙虫是方格星虫的俗称，也称为光裸方格星虫。沙虫体表光滑、无体毛，由纵肌和环肌相互交错形成纵横的条纹，呈现方格状；吻部可以收缩，口是位于吻部前端中央的简单开口，口的四周围绕有叶状触手，可以用于刮取食物。沙虫肉质脆嫩、味道鲜美，营养价值高，深受食客的喜爱。在我国，以广西北海出产的沙虫最为有名，因此有“珍海之味，贵在北海沙虫”的说法。加工后的沙虫干价格昂贵，是著名的海产珍品之一。

海肠

海肠的外貌有些像肉粉色蚯蚓，貌不惊人的它却因其鲜美的口感和丰富的营养而被人们誉为“海洋中的冬虫夏草”。传说早年有一位山东烟台的卢姓厨师到北京闯荡，他做的菜总比别人做的鲜美，其中的奥秘谁也琢磨不出来，直到年老还乡之际，卢厨师才向众人道出谜底。原来每年返乡之时，卢厨师都会购买大量海肠，焙干磨粉。做菜时撒上一点，菜的味道就会变得异常鲜美。现如今海肠早已不只是焙干磨粉充当调料了，韭菜炒海肠、烤海肠和海肠饺子等美味菜肴更是大受食客追捧。

形态特征

海肠是单环刺螠的俗称。身体呈肉色或紫红色，身体前端长有半管状的吻，尾端为横裂肛门，周围有环形排列的尾刚毛。海肠发达的体腔中充满淡红色体腔液。海肠虽为雌雄异体，但两者从外表上不易区分。

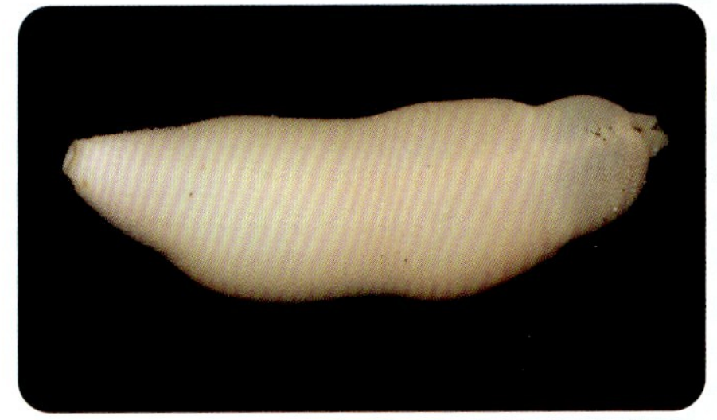

▲ 海肠

海中“净化大师”

海肠喜欢在泥沙内掘 U 形隧道并穴居其中，以滤食水中悬浮颗粒为生。海肠可以耐受高浓度硫化物，并将其氧化形成无毒的硫代硫酸盐，可谓环境净化的“大师”。

海肠每年有大、小两个繁殖期，分别在春季和秋季，春季持续时间较长，为大繁殖期。在繁殖期，成熟的精卵储存在肾管中，雌性海肠的肾管为橙黄色，雄性的为白色。海肠通过收缩肾管，将精、卵排放到水中完成受精。海肠的生活史包括囊胚、原肠胚、担轮幼虫、体节幼虫、蠕虫状幼虫和幼螠等阶段，生活方式由浮游转变至底栖，整个发育阶段耗时约 2 个月。

资源分布

海肠主要分布在我国渤海和黄海，山东胶东地区是我国最大的海肠产地，俄罗斯、朝鲜半岛、日本北海道和本州沿海也有分布。海肠的经济价值十分可观，市场需求不断扩大，产值大幅增长。与此同时，海肠人工育苗和养殖技术也在不断发展。

▲ 真海鞘

海鞘

长期以来，人们一直认为海鞘是无脊椎动物。令生物学家们兴奋和诧异的是，在 19 世纪，人们发现海鞘幼体尾部有脊索，从此海鞘被正式归属于脊索动物家族中的尾索动物。海鞘脊索的发现，对推动动物进化和脊索动物起源等研究有着特殊的意义。海鞘种类繁多，某些可以食用，其中真海鞘味道鲜美，营养丰富，深受日韩消费者喜爱。

海中凤梨

真海鞘，俗称海红心、海菠萝。外形酷似长酒杯的真海鞘可以长到 15 厘米高。其身体分为两部分，酒杯状的上部呈鲜红色或橙红色，长有很多不规则的瘤状突起；下部长有根状突起，便于其固着。真海鞘顶端的出水孔在下，入水孔在上，用于滤食海洋中的浮游生物和有机颗粒。

真海鞘被外侧厚厚的皮囊包裹着，需费些工夫用利刃剥开，方能食用。其生吃味道甘甜，但略带苦涩，可水煮后食用。真海鞘的可食用部分含有多种氨基酸、矿物元素及不饱和脂肪酸，营养价值高，具有很好的开发前景。

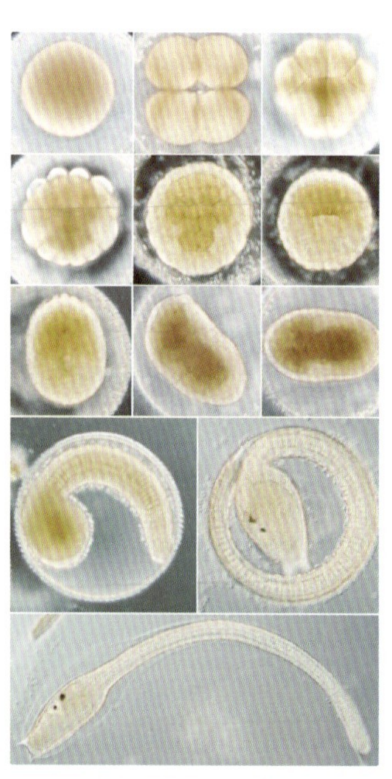
▲ 真海鞘的生长发育

神奇的身体构造

真海鞘雌雄同体，异体受精，主要繁殖期是 11 月至次年 2 月，其生活史包括：产卵、体外受精、胚胎发育、孵化、蝌蚪形幼虫、附着、变态、稚海鞘、成体等阶段。真海鞘受精卵经孵化形成颇像小蝌蚪的幼虫，然后变态形成拥有复杂神经系统的海鞘幼体，其身体后端生出的根状突起，可以帮助幼体附着在岩石、沙砾或藻类等固着物体表面，通过滤食获得食物。成年后的海鞘会吃掉自己的大脑。除此之外，它双向流动的血液循环系统在动物界中也十分罕见。

▲ 海鞘美食

资源分布

真海鞘主要分布于韩国东海岸及南海岸，以及日本三陆地区沿海和日本海男鹿半岛以北海域。近几年，辽宁和山东分别从韩国和日本引进真海鞘试养并取得成功，为我国浅海养殖业的发展开辟了一条新路。

家族成员

全世界约有 1 500 种海鞘，真海鞘、柄海鞘和智利脓海鞘是目前常见的食用海鞘。

柄海鞘，成体长约为 10 厘米，灰黄色或者灰黑色，呈长酒杯状，体表带有不规则的瘤状突起。柄海鞘为温水种，多产于浅海，在我国渤海、黄海分布数量最多。成体多固着在贝类、船底等，也可被别的动物附着，呈现累叠的聚生现象。柄海鞘在养殖笼内附着易造成笼内缺氧，对沿海养殖的危害较大。柄海鞘除了可直接食用外，还可加工成调味品、提取牛磺酸及抗菌肽等，具有广阔的加工前景。

▲ 柄海鞘

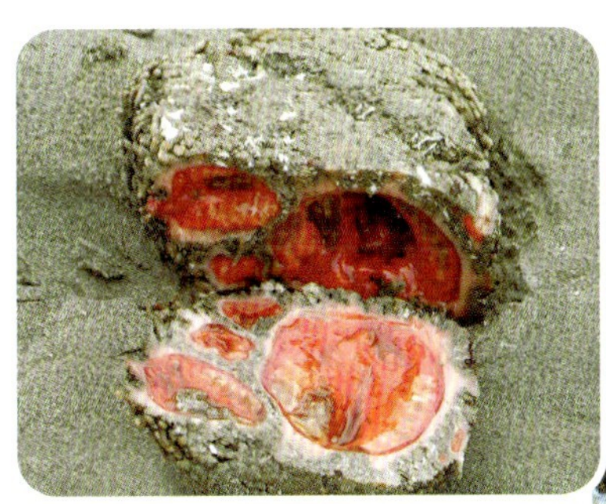
▲ “有血有肉的石头”：被厚厚皮囊包裹的智利脓海鞘

▲ 晾晒中的智利脓海鞘

发展海洋牧场 保障蓝色粮仓

“精卫填海”是中华民族关于海洋的著名传说，《山海经》中那只年复一年誓要填平大海的小鸟，展现出原始人类想要征服大海、征服自然的无限渴望。我国拥有渤海、黄海、东海和南海四大海域及台湾以东太平洋附近海域，四海相连，大陆海岸线长达 1.8 万多千米，岛屿岸线达 1.4 万多千米。上下五千年，史海沉浮，潮起潮落间，华夏文明源远流长。

我国是世界上最早认识、利用和保护海洋的国家之一，食用和开发海产品的历史悠久。在即墨北阡大汶口文化遗址的考古发掘中，发现了大量牡蛎壳、海螺壳、海蟹壳、蛤蜊壳和乌贼骨等，可见早在 7 000 年前，先民的渔猎活动就已经相当发达，“靠海吃海”的传统源远流长。

除了考古实物发掘以外，古籍中也不乏有对海洋生物的记载。《竹书纪年》中载：“夏帝芒‘东狩于海，获大鱼’。”《周礼·天官》中也记述了当时海产品的重要地位：鱼、螺、蛤蜊等或是供宫廷贵族食用，或是加工成祭品供天子祭祖。辞书之祖《尔雅》编释虫、鱼、鸟、兽、畜五章，对海洋动物和藻类做了详细记录。《黄帝内经》中曾有用乌贼骨做丸饮、以鲍鱼汁治血枯的记载。我国现存最早的中药学专著《神农本草经》主要总结汉代之前的中药知识，记录有牡蛎、海藻和乌贼骨等十种药用海洋生物。明清之际对海洋生物的记载更是数不胜数。其中，我国现存最早的地区性水产动物志——《闽中海错疏》中就分门别类地记载了福建沿海一带的水产生物。清朝袁枚在《随园食单》中加入了“海鲜单”，列出海八珍，可见当时食用海鲜之风盛行。

▲ 海参养殖池

▲ 养殖的大菱鲆

中国海水养殖的五次产业浪潮

▲ 养殖的海参

大海广袤无垠，海洋资源却并非取之不竭，在过去几十年里，人类毫无节制的开发令大海难以承受。为了让这片蔚蓝色的海洋有时间休养生息，水产养殖逐渐受到世界各国的重视。新中国成立以来，我国海水养殖业从零开始，历经了五次产业浪潮。

20 世纪 60 年代掀起了我国第一次水产养殖产业浪潮，在海洋科技工作者的不断探索下，我国先后完成了海带夏苗培育技术、筏式养殖技术、陶罐施肥技术和海带南移技术等的研究与应用，使海带、裙带菜、紫菜、江蓠和羊栖菜等大型藻类的养殖获得成功，迎来了我国藻类养殖的大发展。

紧接着，在 20 世纪 80 年代，迎来第二次水产养殖浪潮。水产养殖行业攻破了“对虾工厂化全人工育苗技术”的难关，我国海洋虾类养殖行业一片欣欣向荣。

第三次的海洋贝类养殖业如火如荼地发展起来。我国于 20 世纪 70 年代初步实现了栉孔扇贝的养殖产业化，又首次于 20 世纪 80 年代从美国大西洋沿岸引进海湾扇贝，并突破了海湾扇贝工厂化育苗与养成关键技术，随后海洋科技工作者先后在扇贝苗种培育、病害防治等方面取得重要进展，使我国贝类的年产值超过 100 亿元。

1992 年从英国引进大菱鲆并创建“温室大棚 + 深井海水”养殖模式，突破了海水名贵鱼种的工厂化育苗技术，标志着第四次以鲆鲽类为代表的海水鱼类养殖浪潮的兴起。

第五次海珍品养殖浪潮如期而至。自 20 世纪 80 年代起，我国海洋科技工作者对海参和鲍鱼的人工育苗、良种培育、病害防治等进行研究，推动了海珍品人工养殖的发展。目前，我国已实现“养殖高于捕捞”和“海水超过淡水”两大历史性突破，海水养殖产量跃居世界第一。

“蓝色粮仓”与海洋牧场

▲ 青岛崂山湾海洋牧场

随着人民生活水平的提高，陆地食物资源已经难以满足人们对优质蛋白日益增长的需求，拥有丰富蛋白的海产品逐渐走进人们的视野，而稳定持续提供优质海洋食品的海洋就是我们的“蓝色粮仓”。充分挖掘海洋在食物资源供给方面的潜力，全力打造“蓝色粮仓”，对于强化国家粮食安全保障具有重要的战略意义。时至今日，随着远洋渔业、养殖技术、冷链物流及加工技术的发展，许多过去作为奢侈品的海鲜美食也进入寻常百姓家。但近年来，由于海洋渔业的过度捕捞、粗放式养殖、环境污染、生态环境退化和栖息地破坏等原因，渔业资源逐渐衰减。在人类贪婪的攫取之下，大海已经疲惫不堪，如果再不转变捕捞方式，我们的“蓝色粮仓”很快就会面临枯竭。

面对日益枯竭的海洋，人们希望可以探索出一种新型的海洋渔业生产方式，在捕捞的同时也能给大海足够的时间休养生息，使捕捞和补充达到平衡，让“蓝色粮仓”能够源源不断地为人类提供海鲜资源。除了现代养殖模式外，发展中国特色的海洋牧场也是拓展“蓝色粮仓”相对空间的有效途径。海洋牧场，顾名思义，就如我们所熟悉的草原牧场一样，是指在特定海域内，通过优化、养护海洋生物的栖息地，为海洋生物营造适宜的生存环境，并将经过人工培育或人工驯化的生物种苗放入海中，利用海洋天然饵料养育，再加之先进的科学管理，从而不断增加海洋生物资源，让海洋真正成为人类的“聚宝盆”。

我国于 20 世纪 70 年代开始海洋牧场的建设。2006 年国务院提出“积极推进以海洋牧场建设为主要形式的区域性综合开发，建立海洋牧场示范区”的战略方针，推动海洋牧场步入快速发展阶段。2015 年 5 月，农业部组织创建国家级海洋牧场示范区，将包括青岛石雀滩海域、崂山湾海域和江苏海州湾在内的 20 个海域列入我国首批国家级海洋牧场示范区名单。

海洋牧场的建设任重而道远，非一朝一夕之事。近年来，我国海洋牧场建设在取得显著成效的同时也伴随着一些问题，例如，缺乏相关标准和全国性规划；未能有效促进受损生态环境与生物群落的恢复；牧场运营缺乏项目评估和系统管理等。现代海洋牧场的构建是一项庞大的系统工程，涉及政策、科技、资金和管理等诸多方面，需要加以重点扶持，加强牧场建设的宏观引导，推动体系化建设。

海洋于我们，似辛勤哺育的母亲，我们在不断索取的同时，更应该保护好她。“蓝色粮仓”的提出，意义深远。深耕蓝色海洋，发展海洋牧场，保障“蓝色粮仓”的构建与完善，不仅可以为我们提供源源不断的海鲜，更有利于提升我国海洋资源的综合竞争力，推进我国海洋强国的建设步伐。

图书在版编目（CIP）数据

大海的馈赠 / 周德庆，王珊珊主编．—青岛：中国海洋大学出版社，2017.6

（“舌尖上的海洋”科普丛书 / 周德庆总主编）

ISBN 978-7-5670-1431-2

Ⅰ．①来… Ⅱ．①周… ②王… Ⅲ．①海产品－介绍 Ⅳ．①S986

中国版本图书馆CIP数据核字（2017）第125469号

本丛书得到“中央级公益性科研院所基本科研业务费重点项目：典型水产品营养与活性因子及品质研究评价2016HY-ZD08”的资助

大海的馈赠

出 版 人	杨立敏		
出版发行	中国海洋大学出版社有限公司		
社　　址	青岛市香港东路23号		
责任编辑	董　超　　电话　0532-85902342		
图片统筹	陈　龙　董　超		
装帧设计	莫　莉		
印　　制	青岛海蓝印刷有限责任公司	邮政编码	266071
版　　次	2018年1月第1版	电子邮箱	465407097@qq.com
印　　次	2018年1月第1次印刷	订购电话	0532－82032573（传真）
成品尺寸	185 mm×225 mm	印　　张	10.875
字　　数	149千	印　　数	1-5000
书　　号	ISBN 978-7-5670-1431-2	定　　价	35.00元

发现印装质量问题，请致电0532-88785354，由印刷厂负责调换。